Vender Seguridad con seguridad

Marcos Antonio de Sousa

de Sousa, Marcos Antonio
Vender Seguridad con seguridad. 1a. ed. Buenos Aires : Editores
Asociados, 2017.
   204 p. ; 22.5 x 15.5 cm.

ISBN 978-987-4150-05-9

1. Marketing. I. Título.

Fecha de catalogación:

13/11/2017 Diseño de

tapa: Alejo Hernández

Puga. Edición y diseño:

Editores Asociados.

© 2017, Marcos Sousa.

Conteúdo

AGRADECIMIENTOS

Ante todo, quiero agradecer a Dios por haberme dado esta oportunidad y haberme bendecido con la gran fortuna de escribir esta obra.

A mi padre, *in memoriam,* por el carácter, las enseñanzas y la inspiración.

A mi madre, pues sin sus enseñanzas, fuerza y fe en Dios, jamás hubiera llegado donde llegué.

A Izidro, mi hermano mayor, que siempre fue un segundo padre para mí.

A mi familia, que siempre creyó en mi potencial.

A Ítalo, mi hijo amado y mi puerto seguro, que siempre me acoge luego de infinitos viajes.

A los empresarios, vendedores y a mis alumnos, que siempre creyeron en mí.

A todos los que contribuyeron para que esta obra fuera traducida y publicada en otros países.

Presentación

¡Felicitaciones! Sí, así es. Quiero felicitarte por tu iniciativa de reciclar tus conocimientos, aprender nuevas técnicas de ventas y volverte un profesional más capaz y preparado para enfrentar los retos del mercado actual. En este momento, estás dando un paso importante en tu vida: invertir parte de tu valioso tiempo en la lectura de un libro sobre ventas en el mercado de seguridad. De antemano, me gustaría expresarte mi más sincera gratitud por haber elegido mi libro.

Mi objetivo principal es abordar los aspectos clave de la venta de productos y servicios de seguridad. Quiero enseñarte herramientas y abordajes centrados en el mercado. Aunque gran parte de las técnicas que aquí se presentan pueden ser utilizadas en otros rubros, he tratado de usar un lenguaje propio del segmento de seguridad, con ejemplos y casos específicos, particularmente de la seguridad privada y la seguridad electrónica. Hay muchos libros sobre seguridad y miles acerca de ventas, pero difícilmente encontrarás algún libro totalmente centrado en ventas de seguridad, con técnicas, herramientas y tips específicos de este mercado.

¿Cómo puedo estar tan seguro de que la práctica de estos principios y técnicas producirá grandes resultados en tu vida? Es muy sencillo. Toda mi teoría ha sido testeada exhaustivamente: está comprobada en la práctica. Durante años, he salido al campo con vendedores y gestores de grandes y medianas empresas del segmento con la finalidad de aplicar los conocimientos adquiridos en el aula. Esta práctica, por supuesto, no solo ha sido el gran diferencial de mis cursos y conferencias, sino que también ha resultado en más herramientas y experiencias para hacerla más eficiente, refinada, útil y realista.

Reproduzco aquí algunas de esas experiencias y situaciones reales de ventas, vividas en distintos rincones de Brasil. Ciertos enfoques y técnicas presentados en este libro son utilizados por algunos de los más reconocidos vendedores del mercado brasileño, con quienes tuve el placer de compartir horas de conversaciones y visitas a clientes. Este libro no es una apuesta sobre lo que creo que puede salir bien; sin duda, se trata de una reproducción de conocimientos y experiencias exitosas. Ahora, tienes el mismo privilegio que tuve yo: aprender las principales técnicas de los más reconocidos vendedores de seguridad de mi país.

Encontrarás, en las páginas siguientes, lecciones de quienes están trabajando en la calle con la venta, cara a cara con el comprador, pensadas para quienes también actúan en la calle, ofreciendo seguridad directamente a los clientes. Soy igual que tú. No solo vendo libros, conferencias y consultoría: vendo seguridad junto con los vendedores de distintas regiones del territorio brasileño. Yo hago lo mismo que tú. Siento la misma dificultad y resistencia que sientes. Deseo lo que tú deseas y tengo algunos temores similares a los tuyos. Esta es la razón de mi libro. De vendedor a vendedor.

No puedo olvidar la contribución de algunos vendedores que me enseñaron mucho en este viaje. No estoy solamente aquí para revelar mis secretos, sino también los que utilizan los supervendedores que he encontrado en mis consultorías: esos vendedores que exceden sus metas todos los meses y que ganan siempre más de lo que sus propios gestores jamás ganarán. Quizás más de lo que jamás vamos a ganar juntos.

No te pagan solo por lo que ya sabes, sino principalmente por lo que produces con lo que sabes, o sea, por tu potencial de transformación. Si aplicas o no lo que aprendiste, depende únicamente de ti. Pero estoy absolutamente seguro de que, al final de 'la lectura de este libro, sabrás más de lo que sabías antes de abrirlo y aumentarás tus posibilidades de convertirte en un profesional más valioso. Ten ganas de proseguir, pues donde haya ganas, habrá un camino.

Tal como una cuenta bancaria, si no depositas información y conocimiento en tu mente, no podrás obtener lucro de tu capital intelectual. Cuanto más acumulas, más rinde tu capital. Eres lo que piensas. Eres lo que sabes. Eres lo que logras con lo que sabes. ¿Cuál es el tamaño de tu capital intelectual?

Empieza por contestar, con sinceridad, las cinco preguntas siguientes:

1. ¿Cuándo fue el último curso de ventas al que has asistido?
2. ¿Cuál fue el último libro sobre ventas que leíste?
3. ¿Cuándo fue la última vez que leíste una revista del mercado?
4. ¿Qué haces, en lo cotidiano, para aprender nuevas técnicas y habilidades de ventas?
5. ¿Haces realmente lo que te encanta? O, simplemente, ¿te gusta lo que haces?

Aunque no parezca, tu futuro no depende de tu jefe o de tu empresa. No necesitas esperar por ellos para que decidas lo que vas a hacer hoy para ser un profesional más capaz y mejor. Quizás no quieran invertir en ti, o no estén siendo justos contigo. ¡No importa! Quizás ellos sean responsables de lo que eres en este momento, pero solo tú eres responsable de lo que quieres ser y tener en el futuro. Solo tú eres el responsable por el sueldo que cobrarás a fin de cada mes o dentro de cinco años. Quizás, en este momento, tu capacitación dependa, financieramente, más de ellos que de ti, pero tu competencia es tu única y exclusiva responsabilidad. ¡A perfeccionarla! No te quedes detenido.

Tu futuro personal y profesional está directamente relacionado con lo que estás haciendo en el presente para cambiarlo. ¡Invierte más en ti! ¡Ponte en marcha ya! Durante las páginas siguientes, haz una inversión sólida en tu carrera, aumenta tu capital intelectual y obtén más resultados personales y profesionales. Comes todos los días, ¿verdad? Considera las ideas como alimentos de la mente. Lee tan a menudo como te alimentas.

¡Ojo con la desnutrición mental!

Si quieres ser o tener más, debes aprender la ecuación del valor. Muchos quieren ganar más, pero pocos buscan valer más. Si tu empresa vale más contigo que sin ti, agregas valor. Si agregas más beneficios que costos, eres una persona de valor. Si tu cliente te ve como un consultor profesional, sigue comprometido a añadir valor por medio de tu conocimiento. Cuanto más sabes, más tienes y más puedes aplicar. En consecuencia, vales más para las demás personas.

Vamos a aprender pronto que las ventas son una cuestión de actitud. Si quieres resultados positivos, deberás desarrollar una actitud más positiva frente a la vida y superar sus principales retos y obstáculos. Si ya has demostrado que tienes actitud al abrir este libro, sigue adelante y trata de poner en práctica las técnicas, tips y aprendizajes que figuran en las páginas siguientes. Es cierto que el conocimiento es poder, pero el conocimiento aplicado sabiamente es un superpoder. No eres recompensado solamente por lo que sabes, sino por lo que logras con aquello que sabes.

Introducción

¿Quieres volverte un gran vendedor? ¡Excelente! Bueno, empieza por aprender a valorizar y vender tus principales activos: trabajo, tiempo, capital intelectual y, principalmente, lo que logras: tus resultados. Disfruta el tiempo que tienes diariamente para enfocar tu energía en tu trabajo, tratando de agregar el mayor valor posible a las personas que están en tu entorno, sean clientes o no. Además, dedícale tiempo al estudio y aprendizaje de nuevas técnicas, habilidades y herramientas de ventas.

El perfil CHA CHA CHA en lugar de tomar asiento

Me gustaría celebrar nuestro encuentro y enseñarte a bailar un CHA CHA CHA. En nuestro caso, el CHA es:

CONOCIMIENTO – Aprender a hacerlo. Saber. Ser algo más.

HABILIDAD – Saber hacerlo cada vez mejor.

ACTITUD – Querer saberlo y hacerlo. Ser y hacer algo positivo.

Surgen muchas oportunidades en nuestras vidas, pero no siempre nos fijamos en ellas o estamos preparados para tomarlas y concretar lo que anhelamos. Si reservas, a diario, veinte minutos de tu vida para el baile del CHA, serás alguien más preparado y competente para disfrutar de las futuras oportunidades que se presentarán en tu vida: ya sea convertirte en el mejor vendedor de tu empresa, volverte un gerente de ventas o, quizás, el dueño de tu propio negocio.

¿Qué representan veinte minutos de tu vida? Te garantizo que eso es menos de lo que gastas en ver la televisión, en navegar por internet, en leer revistas de celebridades, en cuidar de la belleza, en beber o en divertirte con tus amigos. Sin embargo, ¿sabes lo que veinte minutos al día pueden significar en tu vida? ¡No! Bueno, veamos.

Si dedicas **20 minutos por día** al aprendizaje y al desarrollo de nuevos conocimientos y habilidades, a fin del mes habrás invertido 600 minutos en tu capital intelectual, es decir, 10 horas de inversión. Eso significará **120 horas de aprendizaje al final del año.** Es decir, si consideramos una jornada de trabajo de 8 horas, habrás dedicado una jornada intensiva de **quince días de tu vida, por completo, para ti mismo**. Por todo esto decimos que es preferible aceptar la invitación a bailar un CHA CHA CHA en lugar de tomar asiento a diario y esperar alguna nueva propuesta.

Así que no esperes a la empresa ni a nadie. Así como tu empleador o empleadora tiene a su disposición ocho horas de tu vida, tómate veinte minutos a diario para leer y aprender cosas nuevas. Son tantas las veces que pierdes veinte minutos en la sala de espera de un médico, en la parada del colectivo, en recepciones de oficinas o en la hora del almuerzo. ¡Vamos! Empieza ya a dedicar veinte minutos de tu vida, todos los días, a este libro y habrás hecho más por tu futuro. Finalmente, hallarás que esos veinte minutos diarios servirán para aumentar el valor de las ocho horas que han sido trabajadas en tu empresa. Grano a grano, puedes construir una montaña de logros que te elevará a las alturas que tanto deseas.

En las páginas que siguen, como no puede ser de otro modo, encontrarás un amplio desarrollo sobre diversos conocimientos y habilidades en ventas. Por lo tanto, voy a concentrarme, en este instante, en aquello que me parece más esencial: la **actitud**. Sin ella, no podemos ser ni tampoco hacer algo mejor de lo que ya somos y hacemos.

La actitud es la salsa especial, el componente que da sabrosura al CHA CHA CHA. Sin ella, todo en tu vida es duro, insípido. La actitud es algo tan imprescindible que, incluso para buscar actitud, hay que tener actitud. ¿Cuál es tu actitud cuando pierdes ventas? ¿Cuál es tu actitud en tu vida profesional y personal? Debes tener una actitud proporcional al desafío. Si te quedas ahí parado a esperar que el mundo solucione tu problema, no vas a lograr nada. Muestra de qué eres capaz y concreta todas las oportunidades que te presenten. Hay un dicho que dice que "la oportunidad es un ave que nunca se posa. Tienes que agarrarla todavía en el aire". Así que, agarra este libro "con uñas y dientes", como si fuera una nueva oportunidad en tu vida. A fin de cuentas, lo es.

¿Quieres ser mejor que los demás? Empieza por ser mejor para ti mismo. Lo más importante no es lo que eres ahora, sino lo que te gustaría ser a partir de este momento. La actitud no tiene nada que ver con lo que ocurre exteriormente en tu vida. Tiene que ver con lo que sucede en tu interior y lo que se proyecta hacia tu exterior. La actitud no tiene nada que ver con tu pasado, pues hoy ya puedes hacerlo distinto y mejor de lo que siempre has hecho. La actitud es acción y, principalmente, reacción positiva frente a lo que pasa a tu alrededor. Por lo tanto, reacciona de manera distinta esta vez. Hazlo mejor de lo que lo has hecho antes y obtendrás mejores resultados.

¿Quieres ser un profesional con energía, vibrante, feliz, exitoso y realizado en tu vida personal y profesional? ¡Genial! Créeme, desde ahora, puedes serlo. La energía y el tiempo que dedicas al pesimismo son iguales (sino mayores) que la energía y el tiempo que necesitarás para construir una actitud más positiva y ser un profesional de éxito. ¡Créeme! Empieza a pensar de manera más positiva y optimista, desarrolla tu confianza en ti mismo, trabaja, ten una fe firme y, sobre todo, persiste hasta el final de este libro. El secreto es bailar el CHA CHA CHA todos los días.

Construir una actitud vencedora

El primer paso para que tengas una actitud vencedora es la capacidad de transformación. ¿Cómo está tu capacidad de implementar cambios en tu forma de pensar, sentir y actuar? Sé que la mayoría de los vendedores siempre despiertan a la misma hora, siempre leen los mismos diarios, siempre ven los mismos programas, siempre caminan por las mismas calles, pasan gran parte de su tiempo comentando acerca de fútbol, de coches, de chismes sobre celebridades o sobre el trabajo y lo que han dado en el noticiero el día anterior.

En el trabajo, realizan sus visitas, siempre la mismas, utilizan siempre el mismo argumento con el cliente. La misma presentación, el mismo comportamiento pasivo, la misma técnica de cierre, la misma propuesta, etc. ¿Ya te has detenido a pensar dónde te encuentras en este momento y cuánto tiempo hace que estás ahí? ¿Qué pasa que otros con menos conocimientos y habilidades que tú obtienen más resultados? ¿Por qué, simplemente, no evolucionas?

Algunos dicen que es mala suerte, falta de oportunidades, "el sol no sale para todos", "no tengo alguien para enchufarme", "todos tienen envidia de mí", etc. Pero lo que realmente sucede es que estás creando raíces en el lugar donde estás, mientras que el mundo se mueve a tu alrededor: las personas, las charlas, las necesidades, los hábitos, las tecnologías están cambiando. Todo está cambiando. El mundo es digital mientras tú eres analógico, él es animal y tú roca, él es increíble y tú previsible. Has creado una zona de confort a tu alrededor y la ley de la inercia te impide salir del estado de reposo en el que te encuentras.

La buena noticia es que, del mismo modo en el que te metiste en esa situación, también puedes salir de ella. Empieza por dejar a un lado los hábitos de dilación, de comodidad, de falta de iniciativa y de pereza. Vamos a hacer algo nuevo, útil y necesario para nuestro éxito. Pero hagámoslo ya, hagámoslo lo mejor y lo más rápidamente posible. No sirve de nada decir "mañana será distinto" o "empiezo mañana". El peor hábito es el de la dilación, pues evita que mucho de lo que pensamos o queremos se convierta en realidad y acción. "Mañana" puede ser demasiado tarde.

Enseguida vamos a conocernos, creer, motivarnos, alabar e invertir en nosotros mismos. Un hombre sin motivación es una batería muerta. El vendedor fertiliza la motivación a través del entusiasmo en lo que está haciendo y diciendo. La motivación y el entusiasmo son contagiosos, persuasivos e iluminan lugares y personas donde quiera que vayan.

Así como una estación transmisora de TV emite las ondas

electromagnéticas a las antenas de los equipos de nuestros hogares, nuestro cerebro también emite vibraciones similares a las de aquellas personas que nos rodean. Tu cliente es una TV y tú eres la estación transmisora. Sintoniza y transmite las ondas de confianza en ti mismo, el optimismo, el entusiasmo, la convicción; y finalmente, la motivación. Nadie pone mucha atención en quienes no confían en sí mismos. Si no has comprado la idea tú mismo, tampoco la comprarán los demás.

> **No siempre el vencedor es el más fuerte o el más ágil, sino aquel que cree que puede y tiene fe en la victoria. Confía más en ti mismo.**

También debemos innovar en nuestra forma de trabajar, salir de la situación de "hallarnos en las mismas" y dejar de ser ese vendedor cliché. La gran mayoría de los vendedores tienen el mismo estilo. Observa a los vendedores exitosos. Compara tu estilo con el de ellos. Un vendedor que sorprende su cliente de manera positiva atrae la atención, crea una diferencia y aporta un valor personal a la presentación. Innovación sin calidad y profesionalismo tampoco sirve de nada.

Por fin, la transform**acción**, la motiv**acción** y la innov**acción** son elementos clave para la construcción de una actitud vencedora. Cree en la victoria, cree en ti. Algunas de nuestras facultades mentales son como los músculos: cuando no se utilizan o no se ponen a trabajar, se atrofian y ocasionan parálisis y pérdida de fuerza mental. Al final, te darás cuenta de que la actitud es una cuestión de hábito. Sabe que no será fácil romper los hábitos negativos del pasado. Un hábito es tan fuerte como un bloque de hormigón. Pero recuerda que, cuanto más grande es el desafío, mayor será el placer de la conquista. ¡Reacciona, mi amigo! Haz algo distinto y lograrás algo mejor.

El éxito le toca a quien cree que, realmente, va a vencer. ¡Y tú vencerás! ¡Cree en mí! ¡Y cree más aún en ti!

¡Buena lectura!

Capítulo 1

Ser vendedor

¡Orgullo de ser vendedor!

Haz una pequeña reflexión. Contesta de manera sincera las siguientes preguntas:

1) ¿Les digo a todos lo que hago o en qué trabajo?
2) ¿Me compraría a mí mismo?
3) ¿Compraría aquello que vendo?
4) ¿Me recomendaría a alguien?
5) ¿Me realizo plenamente en lo que hago?

Si contestaste "sí" a todas las preguntas, óptimo. ¡Felicitaciones! Todas ellas podrían ser resumidas en una sola pregunta: **¿estoy orgulloso de ser vendedor?**

Si tu respuesta es "sí", formas parte de un grupo selecto de profesionales que se enorgullecen de lo que hacen, hacen lo que les gusta y son muy entusiastas, tienen confianza, son vibrantes y realizados. Pero si no golpeas tu pecho con la mano, orgulloso de ser vendedor, debes reconsiderar tu ocupación y tu carrera. Nunca he encontrado un veterinario a quien no le gustaran los animales. Del mismo modo, nunca he conocido un campeón en ventas que no se sintiera orgulloso de lo que hace. Por otro lado, todavía encuentro muchos vendedores que tienen una visión prejuiciosa de sí mismos y hasta sienten vergüenza de decir lo que hacen. Por lo tanto, no logran transmitir o inspirar confianza para el cliente y suman pérdidas en lugar de resultados positivos. Por esa razón suelo decir: tú eres tu cliente principal y más importante.

¿Es posible que creas así en ti? Si no puedes convencerte a ti mismo, no crees en tu producto o servicio y no sientes seguridad en lo que dices, entonces, lamento informarte que tendrás serias dificultades para convencer a otra persona. La gente percibe cuando alguien está completamente confiado y se muestra seguro de lo que dice y hace.

Empieza por hacer de ti mismo tu principal cliente. Véndete todo lo que quieras vender a los demás. No tengas vergüenza de hacerlo, porque siempre irradiarás la convicción que tienes en ti mismo.

Vender es una actividad noble y digna, ya que promueve la resolución de problemas, la creación de más puestos de trabajo, la circulación de mercancías y la prosperidad de los individuos, de la sociedad y del país. Cuando una persona no logra dar sentido a lo que hace, se desorienta, pierde el entusiasmo y no añade valor a sus actividades. Recuerda: todos los días, los productos y servicios que vendes hacen la vida mejor para quienes los compran. Por lo tanto, enorgullécete de ser vendedor. Eres un promotor del crecimiento, de la prosperidad, y mereces el reconocimiento de los demás por ello.

En el pasado, esta profesión era vista como una ocupación de quienes no tenían otro tipo de formación, no encontraban un mejor trabajo o eran muy "ligeros", "habladores" o "desenredados". Pero esa visión ha evolucionado debido a las actuales exigencias del mercado, de la sociedad y de los clientes. Aquel tipo de vendedor no estaría preparado para el presente siglo: era de la tecnología, la información y el conocimiento.

Actualmente, encontramos ingenieros que están vendiendo equipos de seguridad electrónica e integración de sistemas, arquitectos que están vendiendo edificios inteligentes, médicos que venden medicamentos y equipos quirúrgicos, pilotos que venden aviones; en fin, muchos profesionales de otras áreas migraron hacia el campo de la venta debido a la búsqueda de un perfil más técnico y profesional por parte de las empresas y del mercado.

Vemos, en los grandes centros urbanos, facultades y cursos de especialización en ventas con asignaturas tan complejas y específicas como Neurolingüística, Comunicación, Comportamiento del consumidor, Economía, Antropología, Sociología y Psicología. La vasta literatura disponible en librerías y bibliotecas y los numerosos trabajos académicos sobre ventas confirman su evolución.

Además, vender es una oportunidad para hacer amigos, influir en las personas, lograr objetivos personales, prosperar en la vida y alcanzar la cima de la pirámide. Varios empresarios y grandes directivos de compañías multinacionales empezaron como vendedores; y aún hoy siguen vendiendo sus ideas, proyectos y visión de futuro en los puestos que ocupan actualmente. Quizás tu jefe sea el ejemplo más cercano. Todos nosotros somos vendedores, pero pocos son los que se dedican a la profesionalización constante.

Sé que deseas ser un vendedor profesional y quieres saber cómo vender más, pero necesitamos, en primer lugar, aprender a confiar más en nosotros mismos para no perder ventas. Más tarde, vamos a aprender cómo ser un campeón en ventas.

Recuerda: tú eres tu principal cliente.

¿Confío en mí mismo?

Si no puedes confiar en ti mismo, comprar a ti mismo y, sobre todo, comprar lo que vendes, nadie más lo hará por ti. ¡Olvídalo! El producto o servicio que vendes es seguridad. Nada más evidente: hay que *vender seguridad con seguridad*, transmitir confianza todo el tiempo. También formas parte de lo que estás vendiendo. Pocos logran vender seguridad con seguridad: nadie sentirá seguridad si está comprando de alguien inseguro. Es clave trabajar tu autoconfianza antes de poner la mano en el pomo de la puerta y salir de tu casa todos los días; sobre todo, si trabajas cara a cara con el cliente.

¿Quieres vender más? Ya lo sabemos. Ninguna misión es exitosa mientras no encontremos a alguien de confianza para ejecutarla. ¿Cómo podrás realizar alguna acción y obtener éxito si no confías en ti mismo? No tienes elección. La autoconfianza es vital para cualquier vendedor que desee lograr sus objetivos.

La buena noticia es que no necesitas esperar por otros para confiar en ti mismo. Por lo tanto, nada es más natural que saber que tú confías en tu propio potencial. Nadie más, aquí en la Tierra, podrá conocer y confiar más en ti de que tú mismo. Un hombre que sabe exactamente lo que quiere, que busca de manera determinada su objetivo y confía en sí mismo no encuentra obstáculos mayores que la fe en su propósito: vender más.

Todo el mundo cede el paso a un vendedor campeón para verlo y admirarlo en su caminata hacia el éxito. Todos dicen: "A este nadie lo detiene, seguro que va lejos". De la misma manera, nadie fijará su atención en alguien que no tiene confianza en sí mismo. Tampoco esperes que los demás confíen en ti: muchos ni te conocen. No quieras forzar, comprar o tomar prestada la confianza de alguien. Por el contrario, ¡conquístala! Tú puedes hacerlo.

Hay algunas frases mágicas que pueden elevar tu autoconfianza: "¡Yo puedo vender más! Yo puedo ser mejor de lo que soy. Yo confío en mí mismo y isé que puedo hacerlo!".

¿Qué pasó cuando eras un bebé y trataste de caminar? Por supuesto no vas acordarte. Eras muy pequeño. Pero sabe que has sido un gran éxito para todos en aquel momento. Caíste cada vez que intentaste caminar, pero con la misma intensidad te levantaste y seguiste intentando. Has ido superando tus dificultades paso a paso hasta llegar a correr por la casa sin un solo tumbo. En aquel momento, confiabas en ti mismo, aun no estando seguro de que era posible caminar. ¿Y cuando empezaste a hablar? Sin modos, tartamudeando y cambiando las letras, lograste llamar,

por primera vez, a tu "mamá" y a tu "papá". ¿Te importó cuando los demás se rieron? Por supuesto que no. Simplemente no dudaste y lograste completar, más tarde, varias frases.

Un día estuviste delante del mayor reto de tu vida: andar en bici.

¿Te acuerdas? Tuviste suficiente confianza en ti mismo para creer que lograrías hacerlo. ¿Te acuerdas de aquel día maravilloso en el que pediste sacar aquellas dos pequeñas rueditas adicionales de la parte trasera de tu bici? Fue inolvidable, ¿no? Andar en bici solo, sin papá o mamá para sujetarte ni otro tipo de apoyo auxiliar. Solo tú y tu bicicleta. ¡Cuánta libertad! O aquella primera vez que saliste solo, aquel primer beso, aquella vez que ganaste en alguna competición escolar. ¿Cómo estabas? Sentías mucha ansiedad y miedo, pero te mantuviste firme hasta lograr lo que deseabas.

Entonces, ¿por qué ahora has perdido la confianza en ti mismo? No me digas que ahora es distinto. Lo entiendo. Ahora eres un adulto. Los demás se burlan de tu forma de hablar, censuran tus proyectos, no te ayudan en nada, siempre te critican cuando te caes y, todavía más, nunca confían en ti. Pero, ¿qué ha cambiado? Es cierto que los retos de un adulto pueden ser mucho más grandes y los riesgos, mucho mayores. Pero es curioso, también recuerdo que eran grandes retos, en aquel momento, andar en bicicleta, nadar, caminar solo o subir a un árbol. Me acuerdo que eras muy pequeño cuando lo hiciste por primera vez. Otros chicos habían intentado hacerlo, pero solo tú lo lograste. Tú, uno de los pocos exitosos, ya sabías, inconscientemente, que aquellos chicos fracasaron porque no tenían la confianza que tú tenías en ti mismo.

¿Qué ha cambiado realmente? ¿Qué hace falta para que vuelvas a creer en ti mismo, al cien por ciento, como antes? Afirmo y reafirmo que nada ha cambiado en tu interior. Simplemente te olvidaste de lo que eras y le creíste a quienes te dijeron que los obstáculos eran insuperables. Dejaste de ser aquel niño o niña confiado del pasado. Acabaste por olvidarte, no por tu culpa, por supuesto, de tus grandes victorias. Si ahora las consideras pequeñas victorias, en aquel momento, eran gigantescas. Del mismo modo, muchos de los obstáculos gigantescos del presente serán, algún día, pequeños. Ahora los retos son otros, pero no significan que sean más grandes que tu capacidad y ganas de superarlos.

Mucha gente que dice hoy que no es capaz de leer un libro, no va a creer cuando llegue al fin de la lectura de este libro.

La buena noticia es que esa autoconfianza sigue estando dentro de ti. En un primer momento, te darás cuenta de que no es fácil encontrarla; parece que a ella le gusta esconderse de ti. A partir de ahora, trata de encontrarla y llevarla siempre contigo por todas partes. Con el tiempo, te darás cuenta de que ya no tendrás que buscarla, aparecerá y estará contigo cuando la necesites. Por ahora, trata de no salir de tu cama por la mañana sin tu autoconfianza, pues ella brinda mucho poder a quien logra cargarla consigo.

Si los demás han dejado de confiar en ti y te abandonaron, no hagas lo mismo que ellos. Vuelve a confiar en ti mismo como siempre has hecho en tus grandes conquistas.

Tenemos miedo de hacer muchas cosas y de ser alguien distinto pues creemos que es imposible hacerlo o serlo. Siempre nos quedamos sentados a aceptar pasivamente cuando dicen "nadie puede lograrlo, tú tampoco podrás". ¡No lo aceptes más! ¡Mil veces no! Dite a ti mismo: "Yo lo lograré, yo puedo, sé que puedo". Muchos niños pueden hacer cosas que son increíbles para cualquiera que las intente. Esos niños pueden

Hacerlo porque no hay nadie tratando de convencerlos de lo contrario y porque consideran que nada es imposible. Sueñan a menudo con volar, creen que son inmortales, quieren ser el superhéroe más fuerte y más rápido, o incluso ser un príncipe o una princesa. Si no estuviéramos nosotros, los adultos, para limitar sus sueños, tendríamos cientos de veces más innovaciones y hallazgos de los que tenemos hoy.

Así que, si todavía existe un niño héroe dentro de esta persona malhumorada, siempre con el ceño fruncido, en quien te convertiste, no lo mates.

Una vez más, recupera aquel brillo en tus ojos y vuelve a confiar en ti mismo. ¡Ah! Por favor, no critiques, censures o desalientes a tus hijos. No cometas los mismos errores que otros han cometido contigo. Todavía puedes ser el superhéroe de las ventas, el príncipe guerrero que lucha contra las objeciones o la princesa vendedora más exitosa de la empresa.

Desconfía de quien no confía en sí mismo.

¿Por qué tener autoconfianza?

La confianza es contagiosa. Tal como el entusiasmo y la alegría, ella contagia a quienes están a nuestro alrededor. Irradiamos confianza hacia los demás en la misma proporción que irradiamos nuestra falta de confianza en algo. El contagio ocurre no solo en el exterior, sino también en tu interior: la confianza se reproduce por sí misma. Con cada contrato firmado, cada venta realizada, cada pequeña victoria que alcanzas en tu vida, mayor serán tu autoconfianza y tu sensación de logro.

No limites tu autoconfianza. Deja que se amplíe con cada venta o meta alcanzada. Aliméntala continuamente con más confianza.

La confianza es impulsiva, pues nos lleva a retos aún mayores. Debes decirte a ti mismo: "Si he logrado alcanzar mi meta de ventas, ¿por qué no tratar de aumentarla?". El objetivo es competir contigo mismo y superar tus límites. Cada etapa conquistada te encamina hacia otra más grande, aún por venir. Todo depende de que estés seguro de que vas a superar cada nuevo desafío y derrotar cada nuevo gigante que surge por delante. De hecho, muchos de los gigantes y monstruos son construidos por nosotros mismos en nuestra mente.

La confianza también persuade. Motiva a la gente a hacer lo que quieres o esperas. Demanda lo que quieres y lo cumplirán, aunque sea inconscientemente. El otro deposita su confianza en ti porque tú confías en ti mismo. Siempre ha sido así. Todos los grandes líderes, inventores, científicos, filósofos y personas que han cambiado la humanidad le probaron al mundo que eran dignos de confianza, incluso cuando no estaban seguros de la victoria o del éxito final. Tarde o temprano, aquel que vence es quien cree que puede vencer.

Por último, la autoconfianza es atractiva. Atrae, como un imán, todos los recursos, todos los medios que el individuo necesita para obtener los resultados. Una persona que trabaja su confianza desarrolla un "campo magnético" con energía que tiene la capacidad de acercarte las oportunidades y las condiciones de las que necesitas para tener éxito. Además de atraer, la autoconfianza logra que todos compren tu causa. Ella es como un maestro que va a ejecutar un concierto. Los clientes son los músicos que componen tu orquesta. La vida es tu escenario. Al fin se canta la gloria: el público te aplaude de pie para aclamar tus logros.

¿"Ser" o "hacerse" el vendedor? Esa es la cuestión

¿Te someterías a una cirugía con un estudiante de medicina que está haciendo su pasantía médica o elegirías a un cirujano con experiencia? ¿Entrarías en un avión si supieras que una persona cualquiera está en la función de piloto, o más bien preferirías volar con un profesional?

¿Comprarías algo con alguien que se dice experto o con quien realmente entiende del tema?

No todos los que venden seguridad, hoy en día, son realmente vendedores de seguridad. Muchas ventas se pierden debido a que algunos profesionales de ventas están temporalmente ocupando el puesto de vendedor, cuando deberían "ser" vendedores. Mientras unos lo son, otros "se hacen" los vendedores. Los primeros están orgullosos de lo que hacen, les gusta lo que hacen y hacen lo que les gusta. Por el otro lado, los que "se hacen" los vendedores ocupan el puesto hasta que aparezca algo mejor. Para quien realmente es vendedor, ventas no es una opción, sino la elección definitiva de su vida. Son vendedores, incluso cuando se convierten en gerentes o dueños de sus negocios. Serán vendedores para siempre.

El "ser" algo, o alguien, es mucho más fuerte, seguro y duradero que el "hacerse". Mientras que los vendedores siempre buscan algo para vender, los que "se hacen" vendedores buscan siempre hacer algo para no tener que vender. La mejor manera de saber quién "es" o "se hace el" vendedor es el trabajo de campo. Cuando veo a alguien que intenta vender su producto cara a cara con un cliente, pronto detecto si este realmente es un vendedor. Pero nada impide que una persona que, hoy en día, se haga el vendedor, mañana pueda ser un vendedor apasionado por lo que hace.

Empieza desde ahora a decidir si quieres ser o no un vendedor de verdad, con la finalidad de no cometer el más grande error de ventas: tratar a diario de ser lo que no se es. Al fin y al cabo los clientes pronto lo descubrirán.

Ahora, veamos los principales errores y faltas graves que causan pérdida de ventas. Haz una evaluación honesta e indica cuáles de las siguientes son las principales deficiencias que han limitado tu rendimiento:

- Baja autoestima.
- Falta de confianza en sí mismo, el producto o la compañía.
- Falta de conocimiento acerca de lo que vende.

- Falta de conocimientos técnicos y habilidades de ventas.
- Ausencia de una orientación volcada a las metas y resultados.
- Incapacidad de planear mejor el tiempo.
- Inhabilidad de calificar a sus clientes.
- Incomprensión de las necesidades de los clientes.
- Deficiencia en la comunicación verbal y escrita.
- Dificultad en superar las objeciones.
- Ausencia de liderazgo en el proceso de ventas.
- Impotencia para hacer frente al rechazo de lo que se oferta.
- Falta de persistencia.
- Codicia por la comisión en lugar de una vocación de servicio.
- Indisciplina y desorganización.
- Ausencia de una conducta ética.
- Incapacidad de realizar una autoevaluación.
- Indisponibilidad para relaciones duraderas.
- Incompetencia de otros en la compañía.
- Ausencia de autocrítica (culpar solamente a los otros).

¿Y tú? ¿Ya has averiguado las razones que te hacen perder ventas? Identifica dónde necesitas mejorar y trabaja para eso mientras obtienes el conocimiento contenido en este libro. ¡Ah! ¿Has bailado el CHA CHA CHA de la competencia todos los días? Si leíste hasta aquí, no hace falta que me contestes. ¡Enhorabuena! Sigue firme en este propósito.

Sé profesional al punto de no parecer vendedor. Muchos vendedores terminan perdiendo sus ventas porque no logran diferenciarse de la gran masa que deambula por las oficinas de los clientes. No seas predecible.

El analista profesional de ventas

De todas las preguntas importantes que restan por contestar hay una fundamental: ¿eres realmente tomado como un vendedor profesional? ¿O pareces más aquel vendedor del tipo "empuja problemas" o del "por amor a Dios, cómprame"?

Me doy cuenta de que muchos vendedores creen que son, pero aún no se han convertido en vendedores profesionales. Puede ser solamente culpa de ellos, o tal vez no hayan sido entrenados y calificados por las empresas. Por una parte, vendedores que no se perfeccionan con la lectura de libros y revistas de su área; por otra, empresarios que no invierten en sus equipos de ventas: no invierten en formación ya que no tienen dinero, no tienen dinero ya que no venden, no venden porque no poseen vendedores calificados, y no los poseen porque no invierten en la formación... En fin, así se crea un círculo vicioso de ineficiencia.

Pero vamos a tratar de algo que puedes cambiar y mejorar. No seas uno más de los "empujadores" de mercancías o servicios. No seas profesional de ventas, ni tampoco alguien que ocupa sin pretensiones un puesto de ventas. No seas un vendedor más en la multitud. Sé un **vendedor profesional**, un **consultor profesional**, o más bien, sé un **analista profesional de ventas**, que **vende seguridad con total seguridad**.

Cuando el cliente abre el diálogo diciendo "Me gustaría tener más seguridad", de hecho está diciendo "No entiendo mucho del tema, ¿podrías ayudarme a elegir la solución de seguridad más se ajusta a mis necesidades y minimiza mis riesgos?".

¿Puedes ayudarle? ¿Lograrías encontrar la mejor solución para su problema? ¿Tienes suficiente habilidad técnica para esa responsabilidad? Nunca hay que olvidar que el buen vendedor es, sobre todo, un excelente consultor técnico. Todos buscan en él una fuente confiable y segura de las informaciones acerca de lo que vende. No basta saber vender. Tienes que saber vender el mejor proyecto, producto o servicio de seguridad posible para el cliente. Vender seguridad con seguridad.

Regla número 1: no soy vendedor de seguridad. Soy un analista profesional de ventas de seguridad.

¡Ojo! El mercado ya no permite el vendedor del tipo "exxxpeerto", que siempre quiere sacar ventaja de todo y desaparecer tras recibir el dinero del cliente. Con la expansión de internet, esta figura ya no existe. Todo lo que haces, dices o prometes puede ser chequeado y averiguado en un sitio de búsqueda. Todo puede pasar a primer plano. El "compadre Google" sabe de todo y algo más. Basta con preguntarle. No pienses que hoy día puedes hacer todo el mal posible en una ciudad, mentir a los clientes, ser poco ético y luego trasladarte a otra ciudad creyendo que todo eso se quedará atrás.

Las empresas buscan constantemente establecer una relación positiva y duradera con sus clientes. Y no se logra ese objetivo sin ganar su confianza y la credibilidad, o más bien, sin demostrar profesionalismo, calidad, eficiencia, compromiso, agilidad y ética. Te corresponde a ti, cuando estás cara a cara con el cliente, representar a tu empresa y comprometerte con tu cliente. Eres el embajador de la empresa y la solución para el cliente. No decepciones a tu compañía, a tu cliente, ni a ti mismo.

Sé un especialista en lo que vendes y en lo que haces. Eso hará que tus clientes queden encantados contigo y hagan, además de buena prensa para la empresa, propaganda de ti como un profesional competente.

¿Cuál es el papel del analista profesional de seguridad? **Pensar, sentir y desear atender, permanentemente, las necesidades del cliente con tu oferta continua de valor.** Puedes ser un analista profesional, pero debes trabajar a partir de ahora para lograr serlo.

Tal vez tu lado Analista Profesional aún esté por:

- Enumerar las necesidades y problemas de los clientes.
- Presentar beneficios como una solución.
- Resolver los problemas identificados.
- Crear valor para el cliente.

- Establecer una relación duradera.
- Repetir el proceso hasta que tengas el cliente satisfecho.

Esta lista anterior servirá para recordarle lo que tiene que hacer para convertirse en un analista profesional de ventas. Vamos a tratar en este libro cada paso que debes seguir. Mediante el posicionamiento y el trabajo como analista profesional de ventas, tendrás menos competencia que como vendedor y serás valorado por los resultados que pasarás a obtener. Pero, acuérdate de que **no basta parecer, ¡hay que** *ser* **profesional!**

¡Hay que tener categoría!

Un discípulo empezó a observar cuidadosamente a su maestro, anotando todo lo que hacía, llevaba o hablaba, y pasó a copiarlo en cada detalle por creer que así alcanzaría su nivel. Pasó a llevar una túnica blanca, al igual que el maestro, abandonó el hábito de comer cualquier tipo de carne, a alimentarse únicamente con hierbas y a vivir en silencio, tan reflexivo como él. Finalmente, al observar que el maestro abdicaba a todo tipo de lujo, pasó a dormir en una cama de paja. Al cabo de unos días, su cambio de hábitos atrajo la atención de su amo.

Cuando preguntó el maestro acerca de su repentino cambio de hábitos, el discípulo le contestó: "¡Estoy en camino de la luz! He encontrado en el blanco la pureza de mi alma, busco en la hierba alimento puro para mi cuerpo, callo mi voz para conversar con mi espíritu y ya no necesito más de ninguna suerte de comodidad, pues sé que de esta vida no llevaré nada".

Sonriendo, el maestro le mostró un caballo que pastaba en un campo cerca de ellos y argumentó: "Estás mirando únicamente la cáscara, la parte exterior. ¿Estás viendo aquel animal? Tiene la piel blanca, come solo hierbas, parece constantemente reflexivo y también duerme sobre el suelo del establo, cubierto de paja. ¿Crees que él está tan iluminado como tú o cerca de convertirse en un maestro como yo?".

Veo muchas empresas que imitan otras empresas, muchos profesionales que copian a sus superiores y, sobre todo, vendedores que imitan a sus compañeros. En primer lugar, el discípulo debe elegir bien a su maestro, su modelo. En segundo lugar, debe aprender que no es el envase sino el contenido lo que hace que las personas sean diferentes. Finalmente, debe saber adoptar sus actitudes en lugar de copiarlo, para no llegar a parecer solo una imitación.

¿Qué ocurre si te vistes de Superman y saltas de un edificio desde el trigésimo piso? De hecho, algunos niños se han roto las piernas al intentar saltar desde el techo de sus casas. Pero ya no eres un niño y debes haber aprendido. De nada sirve parecer un gran profesional, una empresa líder o un producto de calidad. Tienes que ir detrás de la misma esencia, del contenido, de la fórmula que haga de aquel profesional, empresa o producto, algo extraordinario.

Hay que recordar que, en las celebraciones de los 500 años del desembarco en Brasil, se reunieron las mejores mentes del mundo del ámbito de la navegación y de la construcción naval con el propósito de construir una réplica de las carabelas que conquistaron América hace medio milenio. Sin embargo, toda la tecnología disponible en estos días no fue suficiente para evitar el fracaso de esta misión. Simplemente, el barco no logró flotar y tuvo que ser remolcado.

¿Por qué habrá pasado? Porque no se trataba de la misma mano de artesano, la herramienta correcta, la misma madera, la técnica adecuada; tampoco se empleaba la misma sabiduría de los antiguos constructores. Se han copiado los envases, pero no el producto. Más importante que tener el aspecto de un gran maestro o de un gran profesional es trabajar para serlo en toda su esencia, en lugar de correr el riesgo de terminar copiando a un caballo o un barco.

No hace falta llegar en un auto importado cero kilómetro, vestir trajes de marcas reconocidas, llevar zapatos de piel italianos y usar relojes suizos para parecer un profesional exitoso. En el momento en que abras la boca, todo el mundo sabrá si tienes o no tienes argumentos, contenido, perfil y, en fin, categoría. Y no soy el único que lo dice.

Tu compañía tampoco parecerá de calidad por tener una suntuosa matriz, con un proyecto arquitectónico hecho por Niemeyer, con candelabros italianos, con equipos *hi-tech*, y sistemas y procesos copiados de Toyota. En el momento en el que tus clientes consuman tus productos o servicios, en el momento de contacto, de la experiencia, finalmente, de la verdad, se verá el veredicto: o tienes categoría o no la tienes. Tu calidad no se determina en tu compañía, sino en la percepción del cliente, quien evalúa constantemente el resultado de tus productos y del trabajo de tus empleados.

He salido con varios vendedores en el campo durante mis entrenamientos de ventas y he descubierto que nunca ha sido tan fácil diferenciarse de la competencia. ¿Por qué? Porque están vendiendo muchos caballos y carabelas por ahí. Desde el momento en que uno contesta una llamada de un cliente en la empresa hasta el momento en que se entrega el producto o servicio listo, hay varias oportunidades para mostrar la diferencia que suelen perderse; son oportunidades en las que se puede mejorar, a fin de ser tomados como una empresa o profesional de calidad. ¿Qué hace falta para mejorar? Seguramente, más entrenamiento, actitud y compromiso de todos.

La próxima vez que presentes tu producto, realices un servicio o envíes un vendedor a tu cliente, reflexiona: ¿cuál es mi contenido? ¿Qué les ofrezco? ¿Lo hago todo con categoría? ¿No estaré vendiendo únicamente un envase? Si trabajas en el contenido, en la esencia y plantas la semilla de la categoría por toda la empresa, serás maestro en lo que haces y te copiarán en lugar de que ser tú quien copia. Después de todo, ni todo caballo es maestro, ni toda carabela navega. ¿Quieres crecer y mejorar? Ten **categoría.**

Capítulo 2

El cliente

¿A quiénes vendemos nuestros productos y servicios? Es cierto, al cliente. Así que, ¿para quienes, finalmente, trabajamos? ¿De quién cobramos nuestros salarios? ¿Quiénes compran nuestros productos, servicios y mantienen nuestra empresa abierta? Exactamente: el cliente. Así que nada más justo que tratemos en este capítulo de él, Su Majestad el cliente. Ahora mismo, por ejemplo, tú, al leer este libro, te convertiste en mi cliente. Déjame hablar un poco del cliente, e incluirte también.

¿Quién es el jefe?

"¡El cliente es el rey!" (¡Eres el rey!).

"El cliente es la persona más importante dentro de la empresa."

 (Eres el lector más importante para mí).

"El cliente es la razón de nuestro negocio."

(Sin ti, lector, mis palabras y mi libro no tienen sentido).

Es posible que ya hayas escuchado o visto algunas de estas frases pegadas en alguna pared de tu compañía. Pero, ¿quién es el cliente de seguridad en realidad? El cliente es cualquier persona o empresa que necesite productos y servicios de seguridad. Y es, sobre todo, quien paga nuestros sueldos. Si decides no comprar más mis próximos libros, ellos acumularán polvo en una estantería. Asimismo, si el cliente decide no comprar más de una empresa, incluso su propietario irá a la calle. Sin el cliente, toda la empresa está destinada a fracasar.

Todo cliente tiene:

1. Problemas que solucionar. Todos tienen problemas que resolver: transportar valores, proteger a una persona, monitorear los procesos, dejar al bebé solo en casa con una niñera nueva, prevenir robos y hurtos, entre otros. A algunos no les gusta asumir que tienen problemas, pues luego tendrán que solucionarlos.

Algunos de los problemas que el cliente tiene no han sido percibidos ni por él mismo. Te corresponde detectarlos y solucionárselos. Los grandes problemas, especialmente aquellos que generan grandes gastos, son una mina de oro.

---

2. Necesidades. Según el psicólogo Abraham Maslow, las personas tienen ciertas necesidades, organizadas en distintas jerarquías: comer, beber y dormir (fisiológicas y biológicas); un trabajo y un refugio seguro (seguridad); pertenecer a un grupo social y vivir en comunidad (social); alimentar la autoestima, sentirse amado y apreciado (estima) y, finalmente, sentirse realizado y exitoso (autorrealización). Todas ellas generan impulsos y tensiones que nos instan a tomar medidas con la finalidad de satisfacerlas. Sin embargo, la jerarquía indica el orden en el que deben ser abordadas estas necesidades: es algo muy raro, por ejemplo, que alguien hambriento piense en su autoestima o autorrealización mientras no se haya alimentado.

La seguridad es una necesidad humana básica, junto con las fisiológicas y biológicas. Cada cliente tiene que invertir algo si quiere trabajar, dormir y viajar tranquilo. Depende de ti proporcionarle una solución y demostrarle que se puede.

---

3. Deseos. El deseo se diferencia de necesidad: podemos necesitar comer, y desear un Big-Mac-Doble-Extra-Mega-Feliz. Necesitamos seguridad, pero deseamos que nadie entre en nuestro negocio o residencia. El deseo, por lo tanto, va más allá de lo necesario y tiene que ver con una fuerte necesidad interna de satisfacción y autorrealización. Por lo general, las personas proyectan sus deseos en todo lo que necesitan para sentirse mejor, más realizados y más felices. Es el deseo el que hace que un joven compre su cuadragésimo par de zapatillas deportivas, mientras que él, en realidad, no necesitaría más de dos pares.

No hay límites cuando se trata de apreciar los deseos, anhelos y excentricidades. Localiza deseos de seguridad y tranquilidad que aún no han sido atendidos y trata de dejarlos satisfechos.

---

4. **Expectativas.** Desde un producto ya conocido hasta un nuevo servicio, todos poseen expectativas y normas generales como parámetros. Cuando alguien instala un sistema de CCTV, espera tener al menos una visualización de las imágenes en una pantalla. ¡Por supuesto! Pero, por más simple que parezca, no todas las empresas y vendedores logran satisfacer las expectativas más básicas de los clientes. Y pocos son los que tratan de superarlas y encantar al cliente.

Las innovaciones y los cambios de comportamiento elevan las expectativas de los clientes. Con el desarrollo tecnológico y el ritmo rápido de la sociedad actual, el cliente espera oír dos palabras: YA y AHORA

---

5. **Cadena de valores.** El cliente puede valorar el precio, la calidad, el envase, el tiempo de entrega, la seguridad, la comodidad, la garantía de resultado, el *status* del producto, entre otros. O incluso todo eso al mismo tiempo. Cada individuo tiene su conjunto o código de valores en particular. Es tu tarea hallarlos y entregarlos al menor coste posible.

No compitas en precio sino, sobre todo, en valor percibido. Cuando los clientes valoran un producto o servicio en particular, pagan precios más altos por el simple hecho de que reconocen en él un valor diferencial respecto del que ofrece la competencia.

Por lo tanto, la próxima vez que oigas a un comerciante de la calle o a algún proveedor de un servicio decir: "¡Dime, mi jefe! Estoy a las órdenes. ¿Qué manda usted hoy?", observa que no ha sido difícil para él entender que el jefe es aquel que sin duda pone la comida sobre la mesa de su familia.

El VALOR es aquello por lo que los compradores están dispuestos a seguir pagando.

¿Qué debo vender?

¿Quién compraría agua salada en la playa? Saber vender es también saber investigar, descubrir y entregar lo que desean comprar y por lo que están dispuestos a pagar. En lugar de hacerlos comprar lo que vendes, comunica, ofrece y vende lo que estén dispuestos a comprar. Los clientes no compran productos y servicios, sino:

1. **Soluciones a sus problemas.** No debes vender más problemas de los que tu cliente ya tiene. ¿Comprarías más problemas de los que ya tienes? Si contestaste que sí, tengo un montón de problemas para venderte. ¿Los quieres? ¡Por supuesto que no! Pero solo es posible vender la mejor solución cuando conocimos mejor el problema, el cliente y lo que estamos vendiendo (¿te acuerdas del ingrediente *Conocimiento* del perfil del CHA CHA CHA?).

Uno de los mayores problemas de los clientes es el flujo de caja. Si logras vender seguridad y proporcionar más ingresos, menos costos o más ganancias, serás siempre una solución para tus clientes. No vendas productos y servicios. ¡Vende lucro!

2. **Satisfacción de sus necesidades y deseos.** Mientras estén satisfechos, no buscarán en la competencia el cumplimiento de sus deseos. Pero no creas que basta satisfacerlos para conquistarlos; todos ya lo están haciendo. Tienes que sorprenderlos positivamente y hacer más que lo que esperan que hagas si quieres mantenerlos como clientes. La satisfacción es lo mínimo para llevar a cabo una venta, pero eso no es suficiente para llevar a cabo las siguientes y obtener recomendaciones para otras ventas.

No venda seguridad: venda garantía y continuidad de los negocios del cliente. Seguridad física, todos ya la venden; venda seguridad psicológica, es decir, la sensación de tranquilidad de saber que no perderán lo que ellos más valoran o necesitan.

3. **Beneficios.** No venda características técnicas o catálogos de productos. En lugar de vender lo que tu producto hace, vende lo que puede hacer por tu cliente de forma personalizada. Vende, sobre todo, beneficios que se noten como beneficios. Ser capaz de comunicar los beneficios es una habilidad muy importante para cualquier vendedor (¿te acuerdas del ingrediente Habilidades del perfil CHA CHA CHA?). ¿De qué manera tu producto o servicio puede beneficiar a cada cliente o empresa en particular?

Quien vende sistemas de CCTV puede transmitir las imágenes de la tienda instantáneamente por internet. Así, el propietario no necesita más ser el primero en llegar a la empresa para saber quién está cumpliendo el horario, o quién ha trabajado en determinado día.

4. Ventajas. Muchos vendedores logran convencer al cliente para que compre seguridad. El problema es que se olvidan de convencerle que se la compren a él. ¿Cuál es la ventaja de comprar el producto de tu empresa y, más específicamente, de ti? ¿Por qué no comprar de tu competidor? Muéstrale las ventajas que puede encontrar en tu producto y en tu empresa por sobre la oferta de la competencia. Obtén, desarrolla y comunica tus ventajas competitivas.

Sé tú, el vendedor, la principal ventaja de comprar en tu empresa. No tengas solamente ventajas competitivas. ¡Sé distinto de todo el mundo! (¡Acuérdate de la Actitud del CHA CHA CHA!).

---

5. Valores. Vende a tu cliente lo que más valora: realizarse con la compra, sentirse bien, gastar el mínimo posible y obtener el máximo beneficio. Agrega valores que sean de verdad apreciados por tus clientes. Si desea más comodidad y rapidez que precio, debes atenderle. Si quiere algo que realmente le dé status e importancia, no escatimes esfuerzos ya que volverá varias veces y le dirá a otra persona acerca de tu excelente atención.

Los clientes no quieren vehículos caros y modernos. Ellos quieren patrullas que lleguen lo más rápidamente posible a su empresa cuando suena la sirena o que alcancen rápidamente un camión con rastreo cuando este sea robado.

Por lo general, las personas buscan más valor, bienestar, economía, status, comodidad y beneficios personales y profesionales. Los departamentos buscan productividad y la eficiencia. Las empresas persiguen ganancias, logros y cuota de mercado. Adapta tu comunicación o discurso según el perfil de cada cliente, ya sea una persona, departamento, empresa, asociación o condominio.

El cliente compra tu producto. En contrapartida, ¡compra su problema!

¿Qué hago para vender más?

¿Quieres vender más? ¡Por supuesto que sí! ¿Quién no desea aumentar sus ingresos? Sé que necesitas vender más, incluso hoy, y antes de que termines de leer este libro. Así que, para empezar, tengo diez consejos de los cuales no te puedes olvidar cuando estés ofreciendo tu producto o servicio al cliente. El éxito de un vendedor está directamente relacionado con el paquete emocional que entrega durante y, sobre todo, luego de concluido el proceso de ventas. En gran medida, vender más es lograr que tus clientes compren más de tu persona. Pero, ¿cómo hacerlo?

El proceso y la decisión de compra son altamente emocionales. Por más que el cliente señale o enumere razones para llevar a cabo o no la compra, el factor decisivo es, y siempre será, la percepción del valor que tendrá de tu producto o servicio y, más allá de todo, la emoción que tú, tu producto o tu empresa logran despertarle durante las negociaciones y presentación de ventas.

Debes ganar la confianza, la relación y la credibilidad del cliente. En este mercado, es necesario seguir con la venta y venderle más veces a un mismo cliente.

Si deseas convertirte en un campeón en ventas, debes aprender a venderle emociones positivas a tu cliente. Puedes ver a continuación algunas sugerencias para lograrlo:

1. Hazle sentirse bien o mejor. Nadie gasta dinero o sigue comprando algo que no le proporcione una sensación de bienestar; y nadie le recomendará un producto o servicio infeliz a un amigo. Sé bienhumorado y haz que tu cliente sea más feliz con tu producto. No discutas con él o ella; ayúdale y bríndale todo el apoyo necesario. Puedes ganar en una discusión, pero probablemente pierdas la venta. Ofrece experiencias positivas, placenteras, felices e inolvidables. Si bien, a veces, los clientes no saben lo que quieren, ten la firme convicción de que saben muy bien lo que no quieren.

2. Hazle sentirse más seguro y tranquilo. Tu cliente no desea comprar más problemas; quiere soluciones y la garantía del resultado que ha sido prometido. Quieren dormir tranquilos. No vendas productos, vende un sentimiento de seguridad y gana su confianza. En esta era del estrés y de las enfermedades cardíacas, la tranquilidad vale oro. Transmítele credibilidad y demuestra confianza.

La mayoría de las veces, lo que estás vendiendo es algo nuevo, diferente y misterioso para el cliente. De modo que, cuando no se sienta cómodo, deja la decisión para más tarde.

---

3. Conviértelo en alguien único y exclusivo. La gente quiere sentirse único, importante y valioso. Cuando tu cliente llame a tu empresa, piensa que tú no tienes nada que hacer sino darle atención. Piensa que solo vives para servirle a él y que tiene siempre tu preferencia completa. Si es posible, establece un público algo más específico y haz productos personalizados, servicios customizados o a medida de su deseo. Convierte a tus clientes en únicos al tratar a cada uno con exclusividad. ¿Por qué crees que todavía hay sastres en el mundo? Porque saben cómo ofrecer una solución personalizada en la forma en que los clientes desean.

4. Haz que se sienta importante. ¿Por qué no tratar a tu cliente como un VIP? Algunas empresas no solo ofrecen eso, sino también que cobran más por ello. Conviértelo en un cliente especial cada vez que lo atiendas. Haz de él un cliente VIP, un huésped de renombre, un rey. Al fin de cuentas, ¡él es el REY! El día en que ellos pierdan este privilegio, tú los perderás a ellos. O conviertes tu cliente en la persona más importante de la empresa o empieza a rezar, pues habrás dejado de ser la empresa más importante para él.

5. Vende la mejor solución. No basta con tener una solución. Necesitas tener la *mejor* solución, la que añade más valor al cliente por el menor costo. La mejor solución es la que él más valora. Puedes apuntar opciones, pero siempre da tu recomendación como consultor. No pienses que el programa de calidad total de tu empresa va a resolver todos los problemas de los clientes. Suelo decir que calidad total es cuando los clientes vuelven a tu negocio, y no los productos.

No importa lo que dices que haces sino lo que pueden lograr contigo. La percepción del cliente es la realidad. Él sabe lo que es mejor para sí mismo.

---

6. Vende más. ¿Quién no quiere tener más beneficios, ventajas, opciones y valor por el mismo precio? La gente valora el extra que viene "gratis" en el paquete. Siempre ofrécele el mayor paquete posible de beneficios y ventajas en tu oferta de valor por el mismo precio de la competencia. A todo el mundo le gusta obtener más de lo que esperaba al entrar en la tienda o empresa. Ten los productos y sé un profesional de "mil y una utilidades". Sé creativo, investiga, haz pruebas e introduce innovaciones que añadan más valor y ventajas a tus clientes. ¡Cuanto más, mejor! Añade algo que ellos, y no tu negocio, valoren de verdad.

7. No le hagas perder tiempo. No dejes a tu cliente esperando. Contéstame: ¿deseas ganar tu comisión ahora o dentro de un mes? Así que véndele tiempo, el *ahora*. ¡Así es! Vende más tiempo para que él pueda jugar con sus hijos, ir al parque o a la playa. Hazle gastar mucho menos tiempo de lo que esperaba. El tiempo es uno de los recursos más escasos y valorados en la vida moderna. Incluso en este momento, estás decidiendo si sigues o no con la lectura de este libro hasta el fin, ya que casi no tienes tiempo para hacerlo.

Si el dinero refleja tu poder adquisitivo, la falta de tiempo es un factor limitante. Muchas personas tienen dinero, pero no tienen tiempo para gastarlo.

---

8. Haz que todo sea conveniente para él. El cliente ya no tiene mucha voluntad y energía disponible para gastar contigo o con tu empresa. No es él quien tiene que venir hasta ti. Ve hasta él y haz su vida más cómoda. Vivimos en la era de internet, del servicio 24 horas y del *delivery*. "Mahoma ya no va más hasta la montaña". Él es el rey, ¿te acuerdas? Quien sin duda tiene que sudar la camisa y trabajar en tu negocio eres tú. Él ya se siente los suficientemente incómodo cuando se acuerda que deberá poner la mano en el bolsillo.

9. Facilita la vida de tu cliente. ¿Por qué complicar las cosas cuando se pueden hacer de manera simple y fácil? No hagas su vida más difícil de lo que ya es. No le pidas que llene formularios y siga procedimientos. La gente quiere tranquilidad en su vida, porque sienten que no es fácil tener una vida tranquila en la actualidad.

Vende productos fáciles de usar, servicios sin complicaciones y, sobre todo, con "esfuerzo cero". En esta era tecnológica, todo lo que se hace ahora es plug&play.

---

10. Busca ayudar. Antes de convertirte en un vendedor, debes ser un amigo fiel de tu cliente. Más importante que vender es la relación que se establece por medio de la venta. Uno que vende productos y servicios recibe comisiones. Uno que aprende a servir a la gente, se convierte en alguien relevante, memorable y conquista clientes para toda la vida.

Por lo tanto, tu futuro depende de cuán felices se ponen tus clientes y de lo que dicen acerca de ti. ¿Quieres seguir vendiendo y ganando la confianza de tus clientes? Promueve emociones positivas a los clientes y no te faltarán clientes que sean tus fanes. ¿Quieres vender más? La respuesta está en estas tres palabras: **Hazlos más felices.** ¿Qué harías para que un cliente se sienta más feliz? Hazle una oferta emocional positiva a cada cliente y no cobres más por ello. Hazlo de corazón, como yo he hecho este libro para ti; él le contará a los demás esa feliz experiencia.

La gente habla y piensa **racionalmente**, pero deciden la compra **emocionalmente.**

¡No quiero más tener clientes!

¿Qué vas a pedir a Papá Noel la próxima Navidad? Yo, cada año, pedía salud, seguridad, paz, felicidades para mí y para mi familia; y nuevos clientes, que compren más productos y servicios de mi empresa. Pero este año, he cambiado de opinión. No quiero tener más clientes de los que ya tengo. Además, ya no quiero tener clientes. ¡Así es! Ahora, he decidido radicalizar.

Ya no quiero tener clientes, pues estoy satisfecho con los que ya tengo. He aprendido que debemos explorar y cuidar mejor de lo que ya tenemos antes de atacar lo que es del prójimo porque, mañana, el prójimo de otro vamos a ser nosotros mismos. Mi pedido especial para el viejo Noel es convertir a mis clientes actuales en fanáticos de mi trabajo y de mi marca. En cuanto a los nuevos clientes, ya no los quiero. ¡Basta de tantos clientes! Quiero *fans*.

¡Tranquilo! No pretendo ser el galán de la tele, la estrella de Hollywood o un nuevo cantante famoso de la música pop. Deseo únicamente que mis clientes se conviertan en fans de mis artículos, consultoría, conferencias y entrenamientos. ¿Por qué? Debido a que un fan es mucho más que un cliente. Mi sobrina, por ejemplo, es fan de un grupo mejicano llamado

Rebelde (RBD). Ella no pierde ni un capítulo de la telenovela, compra bolsos y accesorios de RBD, lleva la ropa igual a la de los integrantes del grupo, escucha todos sus CD, compra todos los DVD, colecciona sus postales y álbumes. Todas las paredes de su habitación están llenas de fotos, carteles e informes de Rebelde. Ahora, yo también he decidido ser rebelde y ya no quiero tener clientes.

Mientras un cliente compra simplemente una parte de lo que produce tu empresa, un fan quiere consumir todo lo que encuentra con tu marca. Mientras un cliente puede comprar una vez y no volver jamás, un fan será un comprador compulsivo. ¿Hay alguien más fiel que un fan del equipo de fútbol? Por supuesto que no. Por último, mientras un cliente tal vez nunca hable de ti a alguien, un fan buscará a otros seguidores tuyos por el planeta y te defenderá a ti y a tu negocio hasta la muerte. Ni me atrevo a decirle a mi sobrina que esos de RBD no cantan nada.

Cada fan es un consumidor, pero no todo consumidor es fan o está dispuesto a serlo.

La propia palabra *fan* es una abreviatura de *fanático*. No hay mejor estrategia que tener clientes fanáticos por todo lo que hablas, produces o vendes. El objetivo de un negocio es conquistar un espacio en la mente del cliente, ya que es allí dentro donde se llevan a cabo las decisiones de compra. Piensa como empresa. Cuando él necesita el producto que haces o tus servicios, debe recordarte. Lo ideal es que él vaya a dormir y se despierte pensando en ti; que sea un gran fan de tu marca.

Sin embargo, todo el mundo sabe que sentarse en la silla y esperar a que Papá Noel llegue no funciona. "Tienes que ser un buen chico para merecer un regalo al final del año", nos dijeron nuestros padres cuando éramos pequeños. Del mismo modo, debes trabajar y persistir trabajando para ganar nuevos fans. Debes hacer que tus productos y servicios sean cada vez más excelentes, interesantes, vitales y valiosos para tus clientes.

El fan debe desear y disfrutar de tu producto o servicio. Tú necesitas hacerlos más atractivos e inolvidables.

Muchos piensan que pueden mantener sus clientes tan solo con satisfacerlos. Otros creen que no necesitan mantener un alto nivel de relación. Todos están equivocados. No bastará, simplemente, con satisfacer a tus clientes, sino que debes encantarlos con tus productos y servicios. Se sabe que el 40 % de los clientes satisfechos optarán por otros proveedores. Haz algo más de lo que tu cliente espera.

¿Tú (o tu empresa) te relacionas con tus clientes o son tus clientes quienes se relacionan contigo (o con tu empresa)? Al igual que la pasión, que es efímera, un fan puede dejar de serlo en cualquier momento, pero hace falta que le demos una razón para hacerlo. Hay muchos fans que son tan efímeros como sus ídolos. De hecho, ningún ídolo puede ser eterno sin fans. Quizás, tu empresa esté de moda un rato y tu liderazgo sea temporal.

Para construir y mantener un club de fans sólido y duradero, debes reconocer el cariño y la admiración de todos tus fans, retribuir el mismo valor y consideración que tienen por ti.

Por lo tanto, me gustaría desearte muchos consumidores incondicionales, fans fieles y defensores de tu marca. Puedes transformar tu base de clientes en un club de fans mucho más valioso. Mientras las bases de clientes son robadas o compradas fácilmente, los clubes de fans solo pueden ser logrados. El otro día me puse muy feliz y satisfecho cuando alguien vino y me dijo: "Soy un fan incondicional de tu trabajo". Este libro ha sido hecho especialmente para el **Club de fans de Marcos Sousa**. ¡Qué Dios los ilumine! Muchas gracias por existir.

Capítulo 3

La planificación

Cualquier tarea puede ser más eficiente y productiva si se piensa y planifica antes de realizarla. Los analistas profesionales de ventas saben que el tiempo es el recurso más limitado y escaso que existe, principalmente cuando ese tiempo es el del cliente. Por lo tanto, para alcanzar tus metas y objetivos es esencial obtener el máximo rendimiento de tus principales recursos: tiempo y energía.

Todo analista profesional de ventas sabe planear bien sus tareas y busca corregir rápidamente cualquier falla que surja en su planificación. Desde el primer contacto telefónico con el cliente potencial hasta el trabajo de posventa, todo debe estar muy bien planeado.

¿Cuál es mi plan?

Ten un plan a largo plazo, una visión, un objetivo mayor. Trabajar sin un objetivo bien definido es lo mismo que jugar al bowling sin pinos para derribar: no sería nada divertido y no habría jugadores interesados en él. "¿Qué quieres ser cuando seas grande?", te preguntaban tus padres. Ahora es mi turno: ¿cuánto quieres ganar a fin de mes o a fin de año? ¿Dónde quieres estar dentro de cinco años? Quizás estés lanzando la pelota al vacío por no saber lo que quieres de tu vida, y ya puede que estés perdiendo la esperanza y la fe en ti mismo.

Muchos vendedores no saben cómo está el marcador de tu vida, ni tienen idea de si van ganando o perdiendo en este momento. Otros no saben si están cerca o lejos de sus objetivos, porque no saben dónde quieren llegar. Están perdidos sin rumbo en el océano del mercado, sujeto a muchos truenos de pérdidas de ventas, maremotos de la competencia y tormentas de crisis, siendo arrojados de un lado al otro y cambiando su dirección de acuerdo con el viento. Se desplazan frenéticamente a todos lados, perdiendo su tiempo en el tránsito, en las salas de espera, en compromisos familiares o rellenando informes, y terminan agotados al final del día, sin haber realizado una venta siquiera. Nadan, nadan y nadan, pero mueren en la playa cada fin de mes cuando miran su clasificación en el ranking de ventas de la empresa.

¿Qué pasa si estás en un barco con una vela en posición fija? Tu dirección es dictada por el viento. Si el viento no sopla en la dirección correcta, estarás totalmente perdido. Lo peor es que no se puede enviar una solicitud de S.O.S., ya que no sabes ni qué coordenadas debes dar para el rescate. Si cambia la dirección del viento, cambian los resultados de las ventas. Y tú, ¿tienes el control de tu barco? ¿Cuáles son tus objetivos y metas?

El primer paso en la elaboración de un plan es tener un objetivo de vida bien definido: tu destino final, tu punto de llegada. Las metas son las marcas o coordenadas intermedias que te servirán de orientación para que alinees la vela de tu vida al despertar y salir de casa todos los días por la mañana. El plan sirve justamente para alcanzar tus metas y mantenerte en la dirección de tu objetivo, previamente definido.

Contesta, al elaborar tu plan, las siguientes preguntas: ¿Qué quiero vender? ¿Para quién vender? ¿Dónde ofrecer? ¿Cómo vender? ¿Cuándo vender?

Establece metas claras, simples, mensurables y realistas a corto plazo (número de contactos, de visitas, meta de ventas, índice de ventas por cliente, entre otros). Establece, incluso, objetivos específicos para cada visita. Debes saber exactamente lo que quieres antes de encontrar a cada cliente. Si quieres, y sabes lo que quieres de cada cliente y de cada visita, tendrás más oportunidades de convertirte en un vendedor de éxito.

Ten metas independientes de las que tu empresa o gerente ha definido para ti. Preferentemente, busca una meta superior para desafiarte a ti mismo a alcanzar algo inédito en tu vida. Cuanto mayor es el desafío, mayor es el placer en alcanzarlo.

Sigue el plan esbozado y esfuérzate por alcanzar las metas. Por más fantástico y bien elaborado que sea tu plan, no será mejor que cualquier otro mientras no lo pongas en marcha. Mientras esté guardado en tu cajón, no tendrá validez alguna. Necesitas tener un gran deseo de alcanzar tus objetivos. Ese fuerte deseo será tu combustible, tu motivación diaria para alcanzarlo.

Evalúa tu plan regularmente, sé flexible ante las adversidades, obstáculos y vuelcos. Toma esto como una costumbre, principalmente, porque sabes que la competencia no va a estar sentada de brazos cruzados al verte conquistar una parte de su potencial mercado. A pesar de ellos, debes seguir adelante.

Lee diariamente tu plan para fijarlo bien en tu mente, para estar seguro de lo que quieres y, lo más importante, tener claro qué hacer en el día para acercarte aún más a tu objetivo final. Al final de cada día, debes preguntarte a ti mismo: ¿cuánto me falta para lograr mi plan? ¿Qué puedo hacer para alcanzar los resultados deseados? ¿Qué haré mañana? Un plan puede ser pensado, vislumbrado por años o siglos, pero debe ser puesto en marcha diariamente.

De nada sirve planificar algo que no se va a seguir. Tienes que desarrollar una disciplina y ejecutar su planificación. Empieza con un plan simple y luego aumenta su grado de complejidad.

Tu plan debe tener un enfoque claro: puedes enfocar tu estrategia por tipo de cliente, región, producto o servicio. No es posible hacer y ser todo al mismo tiempo. No hay frutas que sean mitad manzana y mitad limón. ¿Qué pasaría si un maratonista corriese los 100 metros llanos?

¿Qué pasaría si el velocista de los 100 metros corriese una maratón? Ninguno de ellos vencería en la prueba. Trata de elegir algo que realmente te guste y que sepas hacerlo muy bien. Piensa en lo que siempre has hecho bien. Lo hacías bien, justamente, porque te gustaba hacerlo. Nadie que odia cantar puede llegar a ser un reconocido cantante de ópera.

Tu meta en un *post-it*

Pon en un papel aquello que más deseas. ¿Conoces los *post-it*, aquellos pequeños papeles de colores con pegamentos? ¡Excelente! Escribe en un *post-it* lo que quieras alcanzar en esa semana o mes y pégalo en el espejo de tu baño. Todos los días, mientras estés afeitándote, cepillando tus dientes o maquillándote, mentaliza ese deseo y piensa cómo podrías alcanzarlo y quién podría ayudarte. El principal objetivo de este recurso es llenar tu mente con algo positivo ya de mañana, en lugar de alimentarla con temores, miedos y pensamientos negativos. Mejor que criticarte a ti mismo, dudar de tu potencial o ponerte de mala onda es mentalizar que puedes alcanzar esa meta escrita en el papel. Y con fe, persistencia, autoconfianza y automotivación, lo lograrás.

Una vez que lo realices, no rompas el papel. Llévalo a tu habitación y pégalo en otro espejo, preferiblemente en el ropero. Cada vez que estés arreglándote para salir al trabajo, observarás no solo esta última conquista, sino también todas las demás que alcanzaste hasta ese momento. Eso te hará sentirte bien, con más confianza y fuerza para hacer frente a los retos. Va a llegar un día en que serán tantos los papelitos pegados en el espejo que ya no podrás verte en él; en ese momento, nadie tendrá la osadía de decirte que eres incapaz de superar cualquier desafío. Si estás leyendo este libro, sabrás que he pegado un *post-it* más en mi ropero. ¡Ah! Avisa a todos en la casa para que no tiren ningún papelito pegado. Tu pasado, presente y futuro estarán en ellos.

El atleta que gana una medalla de oro en las Olimpiadas ya se ha imaginado, algún día, en la posición más alta del podio, recibiendo la medalla olímpica y cantando el himno nacional, mirando su bandera. Pregunta a cualquier atleta de élite dónde quiere llegar, o lo que más desea, y él te contestará prontamente. Haz como ellos. Establece un objetivo claramente definido, elabora y ejecuta tu plan, comprométete con él, cumple las metas intermedias, trabaja mucho, sé persistente y busca la excelencia.

Empieza con tres papelitos pegados. Establece tres metas iniciales, fácilmente memorizables, para que puedas repetirlas diariamente y fijarlas en tu consciente y subconsciente. Después, planea qué puedes hacer hoy o esta semana para alcanzarlas.

Ten entusiasmo y cree en la victoria. Si no crees en tu plan, nadie más lo hará por ti. Debemos siempre recordar que de nada vale esfuerzo y las ganas si no hay un objetivo bien definido. Sin embargo, un plan en el que no se cree será un plan no realizado. Si quieres realizarlo, empieza, desde ahora, creyendo en él. Nadie podrá comprar tu idea si tú mismo aún no te convenciste de ella.

Tu plan eres tú. Tú eres tu plan. Si te parece que debes repensarlo, tómate todo el tiempo que sea necesario para hacerlo.

Por último, no tardes en ponerlo en acción, aunque el momento no te parezca ideal o favorable. Has esperado años para hacer algo realmente grande en tu vida. Ya has esperado demasiado. ¡Vamos! ¡Manos a la obra! ¿O crees que un campeón olímpico va a esperar el mejor momento para iniciar sus entrenamientos? Cuando retrasamos algo por esperar el tiempo correcto o el momento ideal, estamos racionalizando nuestra decisión de no hacer nada. El que no decide nada, está decidiendo no decidir. Nunca una frase tan antigua y conocida fue tan válida en los días actuales: **planea la acción y pon en acción tu plan.**

"No tengo tiempo"

Cierto día, un cazador salió por una nueva jornada de trabajo cuando encontró por el camino un fuerte leñador que intentaba derribar un árbol. Siguió su camino y pasó todo el día cazando su alimento en el bosque. Al regresar a su cabaña, pasó otra vez por donde estaba el leñador, que todavía seguía intentando derribar aquel mismo árbol. Curioso, el cazador observó y descubrió que el hacha que él hombre usaba no estaba afilada, así que decidió preguntarle:

—¿Por qué no haces una pausa y afilas el hacha?

—Es que no puedo. No tengo tiempo ni para rascarme —le contestó el leñador.

¿Cuántos vendedores están en esa misma situación que el leñador?

¿Cuántos gerentes y supervisores de equipos están tratando de derribar el mismo árbol hace más de un mes y no lo logran? Muchos leñadores ya han definido la cantidad de árboles a ser derribados (metas anuales), y han empezado el trabajo de corte sin saber o darse cuenta de que están usando la misma hacha del año anterior, que por casualidad también se la utilizó hace tres, cuatro años… Mientras tanto, la competencia está usando hachas más afiladas, obteniendo mejores resultados y conquistando más espacio en el mercado. Pero ¿cómo hacemos para afilar el hacha?

Suelo llamar a esa hacha el hacha del CHA (Conocimiento, Habilidad y Actitud). Quien está tratando de derribar árboles con la versión de años anteriores del hacha del CHA va a padecer bastante y correrá el riesgo de no lograrlo. ¿Por qué? Porque los árboles han cambiado y están más fuertes que antes, es decir, las necesidades, deseos, expectativas y referencias de los clientes son cada vez más grandes y más elevados. Un hacha del CHA se compone de tres láminas: Conocimiento, Habilidad y Actitud. ¿Crees que no tienes tiempo para afilar el hacha? Quizás sea porque estas corriendo demasiado, rehaciendo trabajo y dándote cabezazos contra la pared por los resultados insatisfactorios que estás obteniendo.

¿Cuáles son los conocimientos que has aprendido en los últimos años? ¿Cuál ha sido la última vez que tú o tu empresa han invertido en entrenamiento? No creas que tus competidores también están parados en el tiempo, sin invertir en entrenamiento y capacitación. ¡Créeme! El conocimiento es el boleto que pagas para tener acceso al cliente.

Quien no tiene conocimientos no está acreditado para solucionar los problemas de los clientes y no agregará valor.

El conocimiento por sí solo tampoco soluciona. Si no está bien aplicado, será como un tesoro escondido. ¿Crees que has desarrollado las habilidades necesarias para atender y encantar a los clientes? ¿Qué haces para mejorar las habilidades que posees y necesitas? Veamos a los atletas que corren 100 metros llanos: ellos entrenan 10 horas al día, los

365 días del año, durante cuatro años, a fin de correr solo diez segundos en las Olimpiadas. Buscan, exhaustivamente, ser un centésimo de segundo más rápidos que sus competidores. Menos de diez segundos de contacto o experiencia negativa son suficientes para que pierdas una venta, o peor, pierdas al cliente.

El diferencial competitivo, en los tiempos actuales, es una palabra llamada actitud. Esta lo es todo cuando se quiere conquistar y mantener un cliente. ¿Estás realmente comprometido con el éxito de los clientes? ¿Tienes interés en ayudar a las personas y hacerlas sentirse bien? ¿O estás interesado solo en tu sueldo al final del mes? No tienes idea de cuántas ventas se pierden cuando alguien tarda en contestar el teléfono, hace cara fea para el cliente, dice que el problema no es suyo, no cumple lo que promete o dice que "la política de la empresa no lo permite".

La actitud viene de la pasión y de la satisfacción de hacer lo que le gusta a uno. ¿Crees que el atleta corre por el salario o por la medalla?

Recuerda que las empresas y los negocios son hechos por y para personas y son ellas quienes deciden, al fin y al cabo, su futuro y el de la empresa. De nada vale que solo tú hagas tu parte y los demás, a su vez, trabajen en sentido contrario. Los directores que no invierten una parte del presupuesto anual para entrenamientos y capacitación de ese personal, que son quienes realmente deciden, estarán queriendo derribar árboles con un equipo de hachas sin afilar.

¡Ah! ¿No hay recursos para entrenamientos? Lo entiendo. Eso es como el tiempo que el leñador no tenía para afilar el hacha. Quizás no tengas recursos o tiempo, justamente, porque el hacha está roma y no estás vendiendo, conquistando y manteniendo a tus clientes. Sin embargo, si calculas cuánto representa en tu sueldo y en el presupuesto de la empresa la pérdida de un cliente, la conclusión puede ser diferente.

Por lo tanto, el hacha del CHA es la principal herramienta que debes afilar, este año y siempre, para lograr derribar tus árboles y obtener el éxito que no has logrado hasta ahora. El liderazgo le tocará a quien derribe más árboles, de manera más rápida, eficaz y segura. Un cierto leñador, llamado Abraham Lincoln, solía decir: "Si tuviera nueve horas para cortar un árbol, pasaría seis horas afilando mi hacha". ¿Quién soy yo para dudar de él?

Capítulo 4

La prospección

Contéstame qué preferirías: ¿cerrar una venta y lograr recomendaciones de otros clientes o tener una fuente de clientes potenciales y calificados para visitar la próxima semana? Si estás empezando ahora, me contestarás que cerrar una venta, pero un vendedor más experimentado, que ya ha visitado cientos de clientes, preferirá una lista de clientes calificados. En cualquier caso, ninguno de los dos conseguiría cerrar una venta sin clientes a quienes vender. En algún momento de tu carrera tendrás más dificultades para encontrar a quién vender que para cerrar una venta. Entonces, nada es más útil e importante que aprender a prospectar clientes por ti mismo.

Se buscan clientes

La disputa por los clientes es cada vez más fuerte y feroz y, por lo tanto, la parte del pastel es cada vez menor para vendedores y empresas. No importa si tu empresa es líder o no; seguramente alguien tenga un ojo en tu puesto. No importa lo que estés vendiendo; es probable que otros estén vendiendo algo exactamente igual. Eso es una verdad. Lo peor que puedes hacer en un mercado altamente competitivo es parecerte a los demás. En ese momento, el criterio de decisión será siempre el precio más bajo. Lo mejor que hay que hacer es personalizar las soluciones utilizando a los productos y servicios que vendes para que tu propuesta se diferencie. En caso de que nada pueda ser personalizado, tú aún puedes ser un vendedor diferenciado y promover una experiencia especial y positiva de ventas.

No debemos olvidarnos de que la competencia no se limita solamente a lo que vendemos. Hay miles de otras personas que están vendiendo otros productos y que están disputando un presupuesto personal, familiar o empresarial. Si bien, por un lado, hay una oferta ilimitada, por el otro disponemos de un presupuesto limitadísimo. Hay que pagar internet, la TV por cable, los gastos de alimentación y transporte, las clases de inglés, la comida para la mascota, el cine, los viajes de vacaciones... Ya no hablamos más de participación en el mercado; hablamos de la participación en el bolsillo del cliente. La disputa es literalmente por la preferencia de su bolsillo y por la prioridad que él le dará a sus gastos.

El cliente es un lujo cada vez más escaso para quien no tiene una buena estrategia de marketing y de ventas. Las opciones de productos, servicios y empresas son bastante variadas y, ahora, con el advenimiento de internet, cualquiera puede comprar cualquier cosa, en cualquier lugar, en cualquier momento, de cualquier manera y de cualquier proveedor. Apenas el cliente decide comprar un determinado producto o servicio, un batallón de vendedores y empresas va a golpear inmediatamente su puerta.

Tus competidores no quitan los ojos de tu cliente.
¿Y tú? ¿Tienes tus ojos bien abiertos?

Hay mucha información y opciones disponibles para cualquier cliente. El poder de decisión está definitivamente en sus manos. Puede decidir si compra de una empresa en su barrio o de una al otro lado del planeta, sin necesidad de salir de casa. En ciertos mercados, el vendedor puede ser solo una aguja en un pajar, principalmente si no logras diferenciarte de tus competidores.

No puedes alcanzar a todos los clientes que estén comprando o pensando en comprar seguridad en este momento. Necesitas que vengan hasta ti. Pero, esta es la cuestión: ¿qué harás con el que busque tu empresa? ¿Qué motivación le traerá directamente a ti? ¿Qué haces para que él venga hoy y no dentro de diez años?

¿Quién te recomendará con él?

Por lo tanto, en mi humilde opinión, lo difícil no siempre es vender, sino tener una lista de clientes potenciales (preferentemente con indicaciones sobre a quién llamar), programar una visita y realizar la venta. Lo difícil no es poner el mejor producto en el estante, sino que la mayoría de los compradores lo saquen de allí y lo lleven a su residencia o comercio.

Antes de buscar nuevos clientes, debes acordarte de algo muy importante: Tus mejores clientes potenciales son tus actuales clientes.

¿Qué haces para mantenerlos y hacerlos cada vez más felices? ¿Crees que ya has conquistado a esos clientes y prefieres dedicar más tiempo buscando otros nuevos? ¿Crees que estarán siempre satisfechos con lo que haces? ¿Crees que tus competidores no están queriendo quitártelos, pensando, en este preciso momento, la mejor manera de hacerlo? Si contestaste negativamente a alguna de las preguntas anteriores, empieza a preocuparte, pues ya estás dando razones para que tus clientes cambien de proveedor y elijan a un competidor más fuerte. Ya has empezado a perder tu mayor patrimonio: tus clientes.

Trabaja para transformar a tus clientes actuales en tus fans. Prefiero tener un cliente fan que hacer negocios con 10 clientes potenciales. ¿Por qué? Porque el fan ya me conoce, tengo su historial, habla bien de mi trabajo a otros clientes potenciales y, sobre todo, porque hace la mitad de la venta al recomendar mi trabajo. Dará su testimonio y endoso. Por fin, hará el trabajo más difícil: lograr el voto de confianza de otros clientes. Abrirá muchas puertas para que yo pueda hablar de mis productos y servicios.

¿Cómo prospectar mis propios clientes?

En el proceso de prospección, encontramos a dos tipos de clientes:

Suspects (presuntos, probables). Los clientes de quienes sospechas que tienen la necesidad de tu producto o servicio, aunque todavía no lo hayan comprado. Te toca a ti hallarles y evaluarlos. Son tu blanco.

Por ejemplo: amigos, condominios, escuelas, panaderías, laboratorios, restaurantes, farmacias, entre otros.

Prospects (potenciales). Clientes que ya han despertado la necesidad de seguridad; poseen los recursos financieros y el poder de decisión para consumir el producto o servicio. A ti te toca calificarlos, es decir, activarlos y generar esa experimentación del servicio o producto. Por ejemplo: tiendas de electrónica, supermercados, transportistas, bancos, loterías, casas de cambio, entre otros.

Las empresas disponen de un conjunto de herramientas de marketing que se pueden utilizar para indicarle al cliente que ustedes cuentan el producto adecuado y, además, generar en él la necesidad y el impulso de consumir, atraer su atención y llevarlo hasta la empresa. Resalto aquí algunas de esas herramientas: correo directo, publicidad, telemarketing, ventas puerta a puerta, merchandising y promociones. Además de destacar también los medios más utilizados por las empresas para la prospección de clientes: televisión, radio, internet, revistas, diarios, afiches en la vía pública, Google, redes sociales, etc.

No puedes depender solo de tu empresa para conseguir más clientes. Quizás sea mejor recurrir a alguien que jamás te dejaría perdido. ¿Quién? ¡Tú, solo tú!

Pero, de verdad, ¿qué te parece? ¿Cuál es el mejor y más eficiente medio de difusión? ¿Cuál es la mejor publicidad que podría existir, no solo sobre tu producto y empresa, sino también sobre ti? Al fin y al cabo, mejor que compre de tu empresa es que compre de ti, ¿verdad? La mejor propaganda son las recomendaciones positivas que viajan de boca en boca, pues son las que traen al cliente hasta ti. Entiende "positivo" como favorable, o sea, todo lo bueno que digan sobre ti. La ventaja del boca en boca positivo es que no tienes que pagar nada por ello; tu trabajo es mantenerlo positivo o favorable.

Si tienes 100 clientes y cada uno de ellos le habla a otras diez personas sobre cuán contento se puso luego de la compra, tendrás un potencial de 1.000 clientes a ser contactados.

Hay una diferencia básica entre los clientes que hacen una llamada a tu empresa por recomendaciones de otros y aquellos que están apuntando tu teléfono de las páginas de anuncios. Estos últimos también llaman a otras empresas aparte de la tuya, precisamente porque no tienen recomendaciones o referencias sobre el producto o servicio. Siempre es más fácil vender a quienes llegaron hasta tu empresa por una recomendación que a aquellos que apuntaron el teléfono de las páginas de anuncios o de Google. ¿Por qué? Porque del mismo modo en que consiguieron tu teléfono, también están llamando a otras cinco empresas a fin de realizar una subasta pública en la que vence quien tenga el precio más bajo.

Hay tantas opciones disponibles en las páginas de anuncios o en Google que los clientes ni siquiera llegarán al nombre de tu empresa si este empieza con las últimas letras del alfabeto. Así que, si deseas que tu nombre sea recordado por los clientes potenciales, trabaja para tener más referencias positivas en el mercado.

¡El boca en boca que se hace por clientes felices es la mayor publicidad!

No necesitas esperar a la empresa para conseguir a tus propios clientes, ni tampoco esperar que caigan del cielo e imploren "por favor, véndeme tu producto". Tampoco creo que ninguna empresa esté dispuesta pagar caro por un anuncio exclusivo, con tu foto y con pedidos a los clientes para que compren de ti. Es a ti a quien se le paga para promocionar la empresa y no al revés. Así que debemos crear nuestras propias opciones, cultivando una propaganda personal positiva y favorable.

Si estás empezando ahora la carrera de vendedor de seguridad, ciertamente tienes una dificultad inicial: no contar de momento con clientes que te recomienden a otros clientes potenciales. Te aconsejo que empieces por quien ya vendió y vende constantemente para ti. Así es: habla con el director de la escuela donde estudian tus hijos, con el dueño del restaurante donde almuerzas, el de la farmacia donde compras tus remedios, los de las tiendas donde haces tus compras… En fin, habla con aquellos que ya te han conquistado como cliente y pídeles a ellos el mismo voto de confianza y preferencia. Ha llegado el momento de que te retribuyan y te ayuden.

Si has trabajado en otros empleos, también puedes reactivar antiguos clientes e informarles cuál es el nuevo producto que estás vendiendo. Ya los conoces y por eso sabes bien lo que necesitan o valoran. Una gran herramienta para reactivar a estos clientes es la visita personal para ponerse al día. Sin embargo, no siempre tienes tiempo o condiciones para visitar a todos ellos. Por eso, para contactarles, usa el teléfono y los correos electrónicos. Una manera más económica es el envío de correspondencia personalizada que presente a tu empresa y sus productos.

No envíes solamente un catálogo de tu nueva empresa y de los productos. Escríbele algo de tu propia mano, haz algún comentario familiar o recomendación y, si es posible, muéstrale de qué forma tu producto podría ayudarle.

Lo ideal es que abran, lean y guarden tu correspondencia. Te toca a ti usar toda la creatividad e imaginación posible para reestablecer la relación con tus viejos contactos. Halla una forma de colocar tu nombre en su recuerdo cuando decidan comprar seguridad. No olvides que puede que no necesiten comprar en este momento, pero pueden recomendarte a algún amigo que esté necesitando o comprando seguridad.

Envíales tarjetas a tus clientes en su cumpleaños, en Navidad y demás fechas festivas. Envíales también cartas de felicitaciones en ocasiones especiales como en ceremonias de graduación, cuando reciban premios o se destaquen en algún diario.

Según Maslow, la seguridad es una necesidad básica, ¿verdad? ¡Así es! Cada persona que conoces es un futuro cliente, porque todos necesitan seguridad. Eso es un hecho. Bueno, en primer lugar, mantén siempre tus relaciones activas y trabaja para aumentar tu red de contactos intercambiando favores, ayudando a los demás, acudiendo a eventos, conociendo a las personas de tu barrio, trabajo, club, iglesia; finalmente, interactuando con el máximo de personas posibles en la sociedad.

Ya sabemos que a la gente le gusta hacer negocios con quienes conocen y confían. ¿Cómo está tu red de relaciones? Cuida bien de esa red, porque será muy importante en este y en cualquier otro negocio, por el resto de tu vida. Tus compañeros del barrio, de la escuela, de la universidad, del juego de fútbol, del club, de las empresas donde ya trabajaste. Todos ellos son fuentes de contactos para visitas o recomendaciones. Tras contactarlos a todos, aún restarán los amigos de los amigos, amigos de tus hermanos, amigos de los amigos de tu madre, amigas de la suegra…

Comienza ahora a cultivar las relaciones y tu reputación ya que van a ampliar tus posibilidades de ventas. Trataré, más tarde, un poco más sobre este tema y, sobre todo, sobre estrategias usadas para construir y reproducir tu network (red de relaciones).

Busca una valoración y destaque personal. No solo quien conoces determina el valor de tus relaciones, sino aquellas personas que te conocen y te consideran como una fuente poderosa de negocios.

Por lo tanto, no esperes sentado por la recomendación o información de la empresa. ¡Sé proactivo! Solo convierte un gol quien va hacia adelante y juega en el ataque. Busca una forma de conseguir información sobre las personas que puedan tener interés por tu producto o que tengan necesidad de él. Y, como ya hemos abordado anteriormente, no te olvides de tus clientes actuales. Aunque sean pocos, si cada uno de ellos te trae dos clientes más, triplicarás tu lista de clientes e ingresos. Apunta todas las indicaciones de clientes potenciales y programa las visitas con los nuevos contactos que hayas colocado en tu red de relaciones.

Las personas recomendadas por clientes son más receptivas que otras con quienes no tienes ningún amigo en común. Al fin y al cabo, no eres completamente un extraño: eres un amigo del amigo.

Más importante que a quién conoces es quién te conoce.

A atraer los reflectores

Si eres de aquellos que no le dice a la gente dónde trabaja y lo que vende, si no te gusta golpear la puerta del cliente y esperas que él venga hasta ti, contéstame: ¿cómo alguien que desea contratar servicios de seguridad sabrá que vendes seguridad? No tiene una bola de cristal para adivinarlo ni es vidente. Día a día, mes a mes, alguien siempre adquiere alguna solución de seguridad. Te toca a ti estar en el momento exacto, en el lugar exacto, para la persona exacta.

En primer lugar, ten a mano tus tarjetas de visita. Uno de los más grandes pecados que un vendedor puede cometer es no llevar sus tarjetas de visita, sobre todo, porque el coste de un paquete con un millar de tarjetas es muy barato si lo comparamos con las ventas que obtendrás futuramente gracias a esa inversión. Preséntala siempre que conozcas a alguien y anota en el dorso de las tarjetas que recibes información importante de quien te la dio, tal como el evento en el que se conocieron, algo que haya pasado aquel día, algo que te haga recordar el encuentro o algo que hayan hablado; incluye, sobre todo, su deporte favorito, sus hobbies, sus datos personales y amigos en común.

Deja tu tarjeta de visita en los proveedores de servicios, tales como: vidrieros (pues quizás alguien necesita cambiar una ventana que ha sido rota durante un robo), cerrajeros (pues quizás alguien esté reparando rejas o portones rotos), electricistas (algún ladrón pudo haber cortado la energía de la casa), técnicos de telefonía (han roto la línea telefónica), llaveros, carpinteros, entre otros. Ofrécele una recompensa financiera a ese profesional en caso de algún cierre de venta derivada de esa recomendación o referencia. Haz lo mismo por ellos: lleva siempre sus tarjetas y recomiéndalos a tus clientes. Al fin y al cabo, estarás también ayudando a tus clientes a solucionar futuros problemas con personas que conoces y en quienes confías. Nada como ayudar a quien te ayuda. Resulta que nadie alcanza el éxito solo.

Ojo con las obras, inauguraciones, traslados y personas nuevas en tu barrio. Sé el primero que llega y cierra una venta. Necesitan de tu producto, pero todavía no han tenido tiempo de buscarlo.

Sé el experto en el área de seguridad para tus amigos, familiares y compañeros. ¿A quién crees que recomendarán cuando el tema sea la seguridad? Si hay algún medio de divulgación (la tele, la radio y los diarios) en tu calle, barrio, ciudad, país, encuéntralo.

¡Disfruta de esos medios! Hazlo de modo tal que siempre se acuerden de ti cuando quieran poner a algún especialista en seguridad para hablar con la comunidad. Asóciate con ellos para ganar reconocimiento.

Visita gremios comerciales e industriales. Visita consejos regionales de profesionales, sindicatos, asociaciones y demás entidades. Da ponencias o charlas gratuitas sobre seguridad para empresarios, gestores, amas de casa y profesionales independientes.

Transmite al mayor número de personas tus conocimientos sobre seguridad. Comparte con ellos experiencias e historias de cómo has logrado minimizar riesgos, salvaguardar vidas humanas y proteger el patrimonio de las personas. A la gente le encanta oír y contar historias; dales una historia interesante para que puedan contar otro día en su hora de almuerzo. Con eso, será tu producto, empresa o nombre el que será mencionado y futuramente recordado.

Sé parte viva y está siempre presente en tu territorio. El dueño de la panadería donde compras pan, el dueño del restaurante donde almuerzas todos los días, tu compañero del juego de pelota o tu propio vecino pueden estar comprando, en este exacto momento, un sistema de seguridad, sin siquiera imaginarse que trabajas con eso. Lo peor de todo es que solo lo sabrás cuando ya hayan fijado una placa en el muro con la inscripción: Protegido por (tu competidor). ¡Qué lástima! Otra oportunidad perdida.

Sé un miembro activo en tu barrio, participa en eventos sociales, da entrevistas, testimonios, haz trabajos asistenciales, o sea, aparece en todas las situaciones posibles.

¿Cómo controlar tu territorio? Conócelo bien; si es posible, vive en él.

Quien no es visto, no es recordado. Haz tus comidas y tus compras en negocios del barrio, interactúa con las personas de allí. Diles a todos que trabajas en seguridad. ¿A quién crees que debe buscar la gente de tu barrio cuando necesite seguridad? ¿A tu empresa? No. ¡Deben buscarte a ti!

¿Conoces la regla del trébol? Al visitar a tus clientes, amigos y familiares, visita también al vecino de la izquierda, de la derecha y el que está enfrente. Ellos no te conocen, pero seguramente conozcan a tus clientes, amigos y familiares. Preferentemente, pide información acerca de ellos antes de visitarlos, o incluso mejor, pídele a tu amigo que te los presente. Descubre, sobre todo, a quien debes encontrar y dile: "Acabo de visitar a tu vecino. Me dijo que no podía irme de aquí hoy sin mostrarle a usted este sistema de seguridad electrónica. Después de todo, tienen los mismos problemas con la creciente criminalidad en el barrio".

¿Cuál es el trabajo de visitas que estás realizando (o que tu empresa realiza) en los barrios o regiones más violentas? Es mucho más fácil hablar de seguridad con quienes ya han sido víctimas de la inseguridad.

Cuando estés visitando alguna empresa o negocio, pregunta al empresario o al director: "¿Tiene usted algún sistema para proteger su casa y su familia?". A menudo, nos olvidamos de hacer esa pregunta y vender un sistema de alarma más, CCTV, rastreo, protección personal, blindaje, etc. ¿Por qué no salir del cliente con el doble de lo que se pretendía antes de visitarlo?

Por otro lado, si estás prestando algún servicio en la residencia de un cliente, pregúntale: "¿No cree usted que la empresa donde trabaja necesita también de más seguridad? ¿Podría usted presentarme al director de su empresa?". Intenta arreglar una visita u obtener una recomendación en la empresa donde trabaja. Si es el dueño de la empresa, aún mejor.

¿Por qué no hacer un paquete para protegerlo, en su casa y en su oficina, las 24 horas del día? ¿Por qué no protegerlo también en su recorrido?

Éxito es encontrar a las personas correctas y vender para las personas que has encontrado.

¡Necesitas hacer más horas extra!

Ya debes saber que la hora extra es el servicio extraordinario efectuado por el trabajador después de su horario normal de trabajo. Normalmente, cada empleado recibe un valor correspondiente a, como mínimo, el 50% sobre el valor de la hora normal, si el trabajo se efectúa en días laborales, y el 100% los domingos y días festivos. El empleador, el contador, el sindicato y la justicia laboral, todos saben cuánto vale tu hora extra. Pero ¿sabes cuánto vale, de verdad, tu hora extra? ¿Y sabes qué puedes hacer para valorizarla aún más?

Ampliemos este concepto: voy a llamar *hora extra* también al servicio extraordinario que produces no solo para tu empresa, sino también para ti mismo. Es decir, lo que haces en tu vida fuera de la jornada normal de trabajo. Tienes dos opciones: hacer lo que siempre hiciste y cobrar el mismo sueldo mensual, o tratar de hacer algo literalmente "extraordinario" en tu vida, lo que agregará más valor a los demás y ti mismo.

En los entrenamientos de ventas *in-company* que imparto, los cuales están divididos en partes teórica y práctica (salida con vendedores para aplicar en campo los conocimientos transmitidos en la clase), he encontrado, por un lado, vendedores campeones, de alto rendimiento y eficiencia y, por el otro, la gran masa de vendedores comunes, de rendimiento estándar, casi sufriente. Mientras que unos pocos, dotados de una llama interna inapagable y atrayente, superan todas las metas, otros viven corriendo de un lado a otro a apagar incendios para intentar (y casi nunca lo logran) alcanzar una meta mensual, invariablemente inferior a la de los líderes.

¿Cuál es el más importante secreto de esos campeones? Los grandes profesionales no piensan como empleados, sino como personas de valor. Buscan insistentemente agregar valor a sí mismos y a los demás, agregan más valor al tiempo libre que tienen, aun cuando no reciben nada a cambio. Aprendí con ellos que el éxito tiene más que ver con lo que haces fuera de tu horario normal de la jornada laboral que dentro de él. ¡Así es! El secreto está más allá de lo que haces en tu trabajo, está en lo que eres dentro y fuera de él, en tu casa y en la sociedad en la que vives.

¿Qué haces por la noche tras marcar tu tarjeta al fin del turno? ¿Y los fines de semana? Esa es la cuestión. Algunos van a la panadería o al bar a charlar acerca del gobierno, las noticias o de cuán difícil es ganar dinero actualmente. Algunos ahogan sus penas y su dinero en el juego, el alcohol u otros vicios. Otros pasan la noche viendo series, novelas y noticieros hasta la hora de acostarse, con el fin de tener de qué hablar el día siguiente en el bar. Algunos también pierden su tiempo con crucigramas o chismes sobre vidas ajenas; mientras que otros simplemente no hacen nada.

¿Qué hacen los campeones? Leen varios libros por semana, participan en cursos nocturnos, cursan un posgrado, ingresan en clubes y asociaciones a fin de realizar trabajos asistenciales, participan de reuniones y encuentros de *networking*, o sea, aprovechan todo rato libre para servir a las personas y construir relaciones. Se ven como personas de valor. Están enterados de todo, en casi todos los lugares, y conocen a casi toda   la gente. Generalmente, cuando salgo a almorzar con los vendedores, descubro rápidamente cuáles son los más comprometidos y mejor informados.

Los campeones también ya han aprendido que necesitan conocer más y, sobre todo, ser más conocidos y reconocidos para vender más. No tienen horario para trabajar. Venden en las noches de lunes, durante algún evento del Rotary Club o de la Cámara Americana de Comercio; el martes, a la salida de la iglesia; el miércoles, para una amiga en el aula; el jueves, al recibir a alguien importante en casa; y el viernes, en el bar, tras el acostumbrado juego de fútbol con clientes. Y siguen... El sábado por la mañana, en el club, y el domingo, durante la barbacoa de cumpleaños de algún amigo, en alguna finca o casa de playa. Sin hablar de los innumerables almuerzos y cenas con los amigos, y los amigos de los amigos.

Adopta la estrategia de la hora extra. Recoge todo el dinero y el tiempo que tienes disponible e inviértelos en un trabajo extraordinario para ti mismo. Haz lo mismo que tu empleador hace contigo, pero usa esas horas extra para agregar valor, conocimientos, informaciones, amistades, realizaciones e innovaciones a tu vida. De repente, ya no sabrás decir si estás vendiendo más porque sabes más y conoces a más personas, o si sabes más y haces más amigos porque estás vendiendo más.

Finalmente, también te darás cuenta de que la hora extra que trabajas para ti mismo y para tu sociedad valdrá mucho más que el 50, 100 o 200% de tu hora normal de trabajo. ¡Créeme! Quien va a pagar esa hora extra es tu cliente, que incluso hablará de ti con futuros clientes potenciales, convirtiéndose en tu fan y seguidor. Al fin y al cabo, no he sido yo quien ha elegido a esos vendedores campeones, sino sus clientes fans, pues los aprecian y esperan verlos el lunes, miércoles, sábado... Haz de tu hora extra algo cada vez más extra.

Capítulo 5

La aproximación

Aprendimos en el capítulo anterior acerca de la importancia de una planificación de ventas y sobre los diferentes medios de prospectar a nuestros clientes para no depender solamente de las recomendaciones de la empresa. Ahora que ya logramos los nombres y, también, sus teléfonos o direcciones, debemos arreglar una visita y prepararnos para el primer encuentro.

Si hay algo que he aprendido en las ventas es que las cosas realmente suceden afuera: en la calle, en las salas de los clientes, y no mientras estamos sentados en las cómodas sillas de la empresa en la que trabajamos. Mucho se aprende al visitar al cliente; principalmente, sobre el cliente mismo. Quien visita tiene algunas ventajas sobre aquel que es visitado: conoce su hábitat, observa su ambiente, conversa con sus empleados y obtiene más información personalmente. Basta una mirada atenta para descubrir varias pistas sobre la personalidad del dueño del sitio visitado.

Por otra parte, un vendedor puede refinar cada vez más su discurso y presentación tras cada visita realizada, lo que le lleva a desarrollar sus habilidades de venta. Vender frente a frente, cara a cara, con alguien es una experiencia infinitamente más rica que quedarse todo el día tratando de vender por teléfono. Finalmente, mucho se aprende con los clientes cuando están dispuestos a enseñarnos lo que saben. Puedes acumular tanto conocimiento sobre su negocio y su mercado al punto de volverte un experto en distintos nichos y usar esa experiencia en la próxima visita.

¿Cómo puedo visitarlos?

Tienes dos estrategias de visitas: por *nicho* o por *región*. Generalmente, algunos gerentes definen el campo de acción de su equipo de ventas. Si tienes libertad de elegir, recomiendo que pruebes las dos y decidas, particularmente, cuál es la mejor para ti.

Visita por nicho de negocio

El objetivo es recoger un nicho de negocios a la vez y visitar todas las empresas de ese nicho que haya en tu ciudad. Cuando empiezas a tener ventas en un nicho determinado –tal como: restaurantes, condominios, transportistas, tiendas de electrónica, entre otros–, te darás cuenta de algunas necesidades y problemas comunes. Con eso, vas a desarrollar argumentos específicos para el área. Los dueños de un mismo nicho poseen casi siempre los mismos deseos y expectativas y, principalmente, las mismas objeciones y dudas. Al enfocarte en un determinado nicho o segmento, adoptarás un discurso familiar, te convertirás en un experto y, sobre todo, te percibirán como tal. Utiliza las páginas de anuncios, Google y el registro de asociaciones patronales como fuente de información.

En algunas ciudades, las empresas de un mismo segmento suelen estar en una misma calle o área urbana. Si haces un buen trabajo, puedes tomar la mayoría de los clientes de esa calle y cerrarle la puerta a la competencia.

Visita por región

Cuando visitas clientes geográficamente próximos –en una misma calle, barrio, región o ciudad–, obtienes una mayor velocidad y eficiencia en los contactos, gastas menos combustible y no pierdes tanto tiempo con desplazamientos entre locales distantes. Basta con tomar una calle o barrio y explorarlo, visitar los variados establecimientos de la zona. La ventaja de este tipo de visita es poder aplicar la regla del trébol que vimos en el capítulo anterior, y conocer a los vecinos de los lados y del frente. Si necesitas actuar en las calles, ¿por qué no cerrarlas y volverte su dueño? Me siento feliz cuando veo que una determinada empresa o vendedor ha logrado poner sus carteles de monitoreo en la mayoría de las casas o tiendas de una calle.

Actúa fuertemente en un determinado territorio, región o barrio y sé el analista profesional de seguridad más conocido y reconocido en esa área. Sé el experto de ese territorio.

Debemos optimizar el uso de nuestros principales recursos: tiempo, energía y dinero. Así que, una vez que vas a desplazarte hasta el cliente programado, aprovéchalo al máximo. Como ya he dicho, puedes presentarte ante los vecinos de aquel cliente que estás visitando (regla del trébol), saludar a antiguos clientes que vivan en la región para mantener la relación y a los clientes potenciales con quienes aún no has logrado acordar por teléfono. Incluso, puedes dar una vuelta para charlar con la gente y con los comerciantes acerca de cuán insegura está aquella calle, barrio o ciudad. Llamo a esos encuentros no programados de *visita fría*.

Visita fría

Se realizan sin informe, sin acordar nada previamente. Es ideal en caso de una cancelación o de la ausencia de un cliente. Su ventaja es que puedes conocer nuevas personas y enfrentar situaciones en las que sea necesario probar tus habilidades de ventas. En este tipo de visitas, los clientes revelan las objeciones desde el principio. Te toca a ti, como profesional, lograr un minuto de su atención. Una de mis técnicas favoritas para realizar una visita fría a una tienda o establecimiento comercial es llegar como cliente. Trataré esa técnica más tarde.

Haz visitas frías a clientes que no ves hace tiempo. Ve e invítales un café, como un viejo amigo. Ten por seguro que los vendedores de la competencia pueden haber pasado por allí para tomar y pagar ese café.

Puedes estar pensando si vale la pena correr el riesgo de que alguien te cierre la puerta en la cara. ¡Por supuesto! Toda visita de ventas consiste en algún tipo de riesgo. Quien no quiera correr riesgos, que no salga de la cama. El "no" seguro ya lo tienes al decidir no salir a campo. Siempre vas a tener un "no"; te toca a ti transformarlo en un "sí" y, más tarde, en un "¡Quiero uno más!".

¿Quieres disminuir tus riesgos? Empieza por visitar a los clientes antiguos para vender otros productos y servicios que todavía no conocen. Suele ser más fácil vender a quienes ya conocemos y son clientes.

¡Atención máxima! Muchas ventas se pierden porque no se le da el debido acompañamiento al cliente. Muchas empresas están en constante expansión, deseosas de abrir nuevas sucursales, aumentar el tamaño de sus instalaciones o adquirir otras empresas. Te toca a ti, analista profesional de ventas, estar atento y acompañar ese crecimiento, ofrecer nuevos servicios y soluciones integradas de seguridad. Si te relajas y dejas algún frente desguarnecido, el competidor puede avanzar, acosar y lograr venderle a tu principal cliente. Si ese competidor logra proveerle a tu cliente una experiencia positiva y superior a la tuya, va a conquistarlo.

El 80% de las compras son realizadas por el 20% de tus clientes. Son tu mina de oro. ¡Valorízalos! Concentra tus recursos donde puedan traerte el mayor rendimiento. ¡No pestañees!

La regla 5 x 1.000

¿Qué has hecho los lunes por la mañana? ¿Has visitado clientes? ¿O pasas el día llamándolos para arreglar las visitas? Un vendedor profesional de seguridad visita, en la mañana del lunes, a los clientes con los que ha hecho contacto el último viernes o en el fin de semana. Sobre todo, a aquellos que han sido víctimas de algún robo, asalto o algún crimen más grave. ¿Cómo obtiene esas informaciones? Sus relaciones y contactos (electricistas, llaveros, cerrajeros, vidrieros, etc.). Pero, si haces lo que todos hacen, pasarás el día haciendo llamadas para coordinar visitas; con eso, ya has perdido mucho tiempo.

Si no tienes una lista de clientes potenciales, no tienes visitas en la agenda y, por lo tanto, no tienes a quien vender, es bueno aprender a usar mejor el teléfono. Especialmente cuando empezamos a vender algún producto o servicio, nos quedamos mucho tiempo en la oficina cruzados de brazos, esperando que algún milagro suceda. Nada es más natural que invertir ese tiempo en llamadas telefónicas y arreglar alguna visita. Es mucho mejor que gastarlo con chismes en el pasillo, matar el tiempo o hacer bromas con los compañeros de trabajo.

En algún momento, de todas maneras, realmente tendrás que parar y sentarte en tu escritorio, tomar el teléfono y hacer algunas llamadas para presentar tu empresa e intentar arreglar visitas.

Claro que dirás que es un trabajo difícil, embotado y muchas veces inútil. Muchas personas no tienen paciencia para hablar con vendedores al teléfono, ya que reciben varias llamadas al día. Varios números están desactualizados o ya no existen, otros han cambiado… Pero si aprendes a sacar provecho de ese trabajo, te rendirá buenos contactos. Aunque sea una de cada diez llamadas, vale todo y cualquier esfuerzo. De diez en diez llamadas, de contacto en contacto, habrás realizado, a fin de mes, cien contactos y obtenido como mínimo diez contratos. Estarás de acuerdo conmigo cuando te digo que si no hay contactos, tampoco hay contratos. ¡Piénsalo!

¿Quieres vender más? En ese caso, empieza, desde ahora, evaluando tus resultados de ventas para cada mes. Si visitas o realizas cien contactos mensualmente pero solo logras diez ventas, tu rendimiento es del 10%. Si tienes un compañero que visita o realiza cincuenta contactos al mes, y también consigue diez ventas, su rendimiento es el doble del tuyo, es decir, del 20%. Siendo así, claramente, tienes dos opciones: o visitas más clientes y logras más ventas, o haces tú enfoque de ventas tanto o más eficiente que el de tu compañero. En el primer caso, necesitarás realizar más contactos. En el segundo, necesitarás moverte más al ritmo del CHA CHA CHA (Conocimiento, Habilidad y Actitud) de la competencia. Pero, si haces las dos cosas al mismo tiempo, ¿no será mucho mejor? Por lo tanto, ¿qué estás esperando?

Supongamos que no tienes mucha experiencia, que no has adquirido todavía el hábito de moverte al ritmo del CHA CHA CHA de la competencia, y que solo estás logrando cinco ventas por mes por cada cincuenta visitas o propuestas realizadas. Te diría que podrías aumentar inmediatamente tus resultados si usaras la estadística a tu favor. Es decir, si duplicas el número de contactos realizados, se duplicaría tu comisión sobre las ventas el próximo mes. ¿Qué te falta? No solo correr detrás de nuevos contactos, sino también pedir a cada cliente más recomendaciones de ventas. Ya te habrás dado cuenta que es más fácil vender a los clientes a los cuales fuimos recomendados por otros, principalmente, por los fans de nuestro trabajo.

Si llamas a cinco clientes potenciales cada día de la semana, realizarás 100 nuevos contactos al mes. Teniendo en cuenta todos los días festivos, más un mes de vacaciones, harás por lo menos 1.000 contactos por año. Esta es la regla: 5 x 1.000. Tan simple como eficiente: cinco llamadas equivalen a mil posibilidades de venta.

¿Es tan difícil hablar con cinco personas al día? ¿Qué te cuesta llamar a algunas personas todos los días y no lograr nada? Solo algunos minutos u horas de tu tiempo. Trabajo y paciencia también, por supuesto. Pero, ¿qué te rendirá, si logras las visitas y las ventas? El alimento de tus hijos, el pago de las cuentas, la realización personal y la autoconfianza para hacer la próxima llamada. Sin hablar de los 1.000 nuevos clientes potenciales que sabrán a quién buscar cuando necesiten seguridad. ¿Y cuántas nuevas amistades y relaciones brotarán de esos contactos?

Sé optimista. Antes de cada llamada, pienso en aquellos clientes a quienes he contactado y he obtenido alguna venta. Nunca he pensado en los "no" que he recibido. Ya los hubiera tenido sin descolgar el teléfono. Prefiero oír: "¡Oye! Adivinaste. Estaba exactamente necesitando hablar contigo".

Por lo tanto, saber utilizar el teléfono para ahorrar tiempo y programar tus visitas, lo que agiliza tu atención al cliente, no solo es fundamental sino decisivo para cualquier vendedor profesional. El teléfono es muy útil para un previo contacto de sondeo y programación, pero nunca, repito, nunca intentes ir más allá y vender tu producto o servicio de seguridad por teléfono. Nadie lograría transmitir la firmeza de una mirada ni la vibración de un apretón de manos, tampoco una presentación segura y personal a través del teléfono. Imagínate a alguien, al teléfono, que esté preguntándole al cliente: "¿Cuántas puertas, ventanas y salidas hay en su casa? ¿En qué parte está el salón? ¿El ladrón logra saltar su muro? ¿Hay algún enchufe cerca del living? ¿Cree que su coche está preparado para un blindaje?".

Tampoco puedes quedarse todo el día a esperar, sentado en tu silla, por una recomendación de telemarketing o por un contacto de la telefonista que transfiere las llamadas de clientes que buscan tu empresa. Piensa conmigo: no eres el único en la empresa que tiene derecho a ese lujo. Otros entrarán en la cola y esperarán la oportunidad contigo. Acuérdate: aquel cliente que ha llamado a tu empresa, también apuntó el teléfono de otras cinco más en las páginas anuncios (o veinte más en Google) y seguramente tratará con otros vendedores. Es decir, hay muchos competidores y, la mayoría de las veces, pocas llamadas que suenan en tu escritorio. Si, aun así, logras vender cinco contratos al final del mes, imagínate cuánto lograrías si obtuvieras una lista diez veces mayor de clientes que llaman a tu empresa y, mejor, buscan específicamente por ti.

¿Cómo arreglar la visita por teléfono?

Ten una lista de clientes potenciales con sus respectivos teléfonos y descubre los mejores horarios para llamarlos. Normalmente, cuando necesitas hablar con algún director o propietario, es preferible llamar al final del día, cuando estará más tranquilo. Como ya he dicho antes: no pierdas tiempo y llámalos al inicio de la semana. Intenta coordinar visitas para esos días, pues pudo haber ocurrido algún intento de robo o asalto durante el fin de semana.

Cuando te contesten el teléfono, ten preparado un breve discurso de presentación para no desperdiciar su tiempo ni molestarle. Entrena y dile únicamente lo que sea importante; el tiempo es dinero. Si quiere charlar por más tiempo, dará señales claras de ese interés. Lo importante es generar curiosidad suficiente para lograr la visita. Hazlo todos los días de la semana.

No te olvides de llamar el viernes para pautar las visitas de la próxima semana. Estar siempre preparado y llevar una buena organización es clave para aprovechar tu tiempo al máximo.

Planea con atención lo que vas a hablar al teléfono. Empieza por contestarte a ti mismo:

- ¿Creo en lo que estoy vendiendo?
- ¿Cómo se beneficiará el cliente con mi producto?
- ¿Qué perderá si no compra conmigo?
- ¿Cómo puedo comprobar lo que digo?
- ¿Cómo lograr despertar su curiosidad y arreglar la visita?

Demuéstrales a los que no puedan verlo, que eres una persona alerta, cortés, eficiente y profesional. Sonríe, aunque no tengas las ganas, pues tú y tu compañía serán juzgados por el tono de tu voz y por el contenido de la conversación. La forma en que nos comunicamos con nuestros clientes afecta definitivamente nuestro éxito o fracaso. Sé claro y utiliza un lenguaje sencillo. No basta con saber hablar: tenemos que estar seguros de que entienden lo que decimos. Cuanto mayor sea el número de llamadas y contactos, mayor será tu probabilidad de éxito.

Para lograr una visita, dile que tienes algo que quieres enseñarle personalmente. Que cuentas con nueva información, capaz de disminuir sus riesgos y elevar sus ganancias, de la que debería estar enterado.

El siguiente es un posible abordaje, para ilustrar lo que queremos decir:

"Señor. (...), ¡buenos días! Me llamo (...) soy de la empresa (...). Probablemente, usted esté perdiendo dinero y corriendo riesgos que aún ni imagina. Recientemente, lanzamos (...) a un precio que interesarían a ejecutivos como usted. Me gustaría darle a usted algunos detalles acerca de (...), personalmente. Estaré en su zona en la próxima semana. ¿Cuál es el día y horario más conveniente para usted? ¡Muchas gracias por su atención!"

Mejora constantemente tu capacidad de explicar tus ideas y opiniones. Es indispensable que tu mensaje sea transmitido de forma clara, lógica, simple y eficiente.

Al despedirte, nunca te olvides de agradecerle la atención. La cordialidad siempre es muy bien vista y la atención no es algo fácil de lograr en estos tiempos atribulados que vive la humanidad. Muchas empresas y vendedores se olvidan de agradecer a sus clientes por su atención y su preferencia.

Algunos importantes hábitos telefónicos que debes cultivar:

- Antes de ausentarte, avisa a dónde vas y cuándo esperas regresar.
- Atiende el teléfono prontamente y, siempre que sea posible, antes de que suene tres veces.
- Identifícate al inicio de la llamada, tanto al hacerla como al recibirla.
- Habla de forma clara, natural y agradable.
- Da siempre un aspecto personal a la charla. No eres un robot programable.
- Ofrece tu ayuda a quien te llame.
- Agradece la llamada.
- Cuando recibas recados, apunta la información y repítela, para asegurarte de que es correcta.
- No dejes que nadie espere en la línea.
- Llama a las personas que te han dejado recados tan pronto como sea posible.

Quien desea vender más no puede quedarse todo el día haciendo llamadas. Tiene que salir a visitar y, sobre todo, visitar cada vez más. La mayor barrera que existe para un vendedor es vencer la distancia que separa su mesa de su coche y de la calle. O sea, no todos se despiertan todos los días dispuestos a salir al campo y trabajar las ventas frente a frente con el cliente. Este no es un trabajo fácil y muchas puertas se cierran al principio de la conversación; pero solo se gana un juego si pisas la cancha.

Evalúa tu resultado al final de la semana en términos de visitas y contactos realizados y no solo en términos de ventas concluidas. Busca hacer amigos en cada visita y cultivar nuevas relaciones. Toda visita es una posibilidad de venta futura, o al menos, de una futura relación, pues podremos ser recomendados a los amigos de los clientes; no te olvides de eso.

Haz más contactos con los amigos de tus fans y establece nuevas amistades. Es probable que, si realmente son tus fans, ya les hayan hablado de ti a sus amigos.

¿Suerte o preparación?

Toda charla, toda llamada telefónica, todo encuentro o visita puede ser el inicio de una venta y, principalmente, de una relación. No conozco a nadie que haya cerrado una venta que no se haya iniciado de alguna de estas maneras. Y no hay nada más eficiente para iniciar una venta de manera positiva y favorable que una excelente preparación.

La gente dice que los vendedores que obtienen mejores resultados en ventas tienen mucha suerte. Cada vez que escucho eso, pregunto: "Pero, ¿tienen suerte todos los meses? Ya he visto uno que tiene suerte un día u otro, pero que alguien tenga suerte todos los meses es raro". De verdad, cuando veo a vendedores que son campeones de ventas, sue lo decir que realmente tienen suerte porque aprendieron a decir: ¡OPA! Así es; han descubierto qué tiene que ver la suerte con la palabrita ¡OPA!

¿Por qué?

Surte = Oportunidad + Preparación + Acción

Las oportunidades surgen para todos, están a nuestro alrededor, aunque no siempre las podamos percibir. ¿Cuántas oportunidades se pierden porque simplemente no hablamos con las personas en el ascensor del edificio? O en la panadería, en el restaurante, en la peluquería, en la playa, etc. Esto sucede porque no estamos en sintonía y con los ojos bien abiertos como para verlas.

El segundo paso para tener más suerte es prepararse para aprovechar las oportunidades. ¿Cuántas personas consiguen la oportunidad pero no están preparados para aprovecharla? Un amigo, encargado de la aprobación de las compras de una gran multinacional, te pide un plan de seguridad para la empresa; por no estar preparado para elaborarlo y ejecutarlo, dejas de sacarte el gordo. ¿Has tenido alguna vez una gran oportunidad en tus manos, pero la has perdido ante alguien más preparado?

Por último, hay muchas personas que están preparadas, que perciben una oportunidad que surge en el horizonte, pero no actúan. Se quedan donde están, postergan la acción por indecisión o por inseguridad, hasta que viene alguien y la pone en práctica. Después, resta solo lamentarse: "¡Ojalá! Si yo tuviera… Si yo fuera… Si yo hubiera…". ¿Cuántas veces has dejado la visita de una obra para el día siguiente y, cuando fuiste a visitarla, alguien ya había le vendido todo el sistema de seguridad a aquel cliente?

Por lo tanto, estamos de acuerdo en que la atención total a las oportunidades, la preparación y, sobre todo, las acciones son los tres elementos esenciales para quienes desean tener más suerte en la vida y vender más. Pero vamos a profundizar, enseguida, el tema de la preparación y señalar algunos puntos esenciales.

Cuida tu imagen

Como sabes que representas a toda una empresa y, sobre todo, que estarás siendo juzgado por el cliente, no te presentes como si estuvieras tirando la basura de tu casa, viendo tu novela favorita en el sofá o paseando con tu perro en la calle. ¿Cómo te sentirías recibiendo la visita de un consultor sin afeitarse, mal vestido, sudado, despeinado y desordenado? ¿Dejarías tu patrimonio en las manos de ese "experto"?

Vestimenta

Tu ropa es un código que debe mostrar respeto por el cliente. Vístete de traje o ropa formal, siempre que sea posible, para mostrar más seriedad y profesionalismo. El nivel del cliente es el que debe determinar el nivel mínimo de tu traje, pero no salgas por ahí usando bermudas o vaqueros. A fin de cuentas, no vendes tablas de surf, cocos helados o bronceadores de piel en la playa. No te atrevas a visitarlo llevando la camisa del equipo de su mayor adversario.

Si siempre usas el uniforme con el logotipo de la empresa, debes estar atento. Muchos vendedores son expulsados o tienen dificultades para acceder a una empresa por los vigilantes o porteros contratados por la competencia.

Estilo personal

Desarrolla tu propio estilo y discurso de ventas personal. Cada analista profesional de ventas desarrollará su propio estilo con el tiempo, aunque existan algunas técnicas que facilitan el trabajo. No tengas, definitivamente, un estilo estándar o previsible de vendedor. Sé creativo, distinto y agradable. Sé alguien atractivo, con quien la gente disfrute de una buena charla. Si todos desvían la mirada cuando llegas a un sitio o hacen algo para echarte de ahí, es probable que haya algún problema con tu estilo y acercamiento.

Estar preparado

Prepárate con toda la información necesaria para tu visita, especialmente si es tu primer contacto con el cliente. Busca toda la información que encuentres acerca de las necesidades, deseos, anhelos y, sobre todo, problemas no resueltos del cliente. Trata de anticipar algunas dudas que pueda tener sobre los productos, servicios o proyecto presentados. Además de esa información, debes tener a mano tu tarjeta de visita, el catálogo de la empresa, las cartas de referencias, los manuales y el material audiovisual que refuerza lo que vas a decir.

La investigación acerca del cliente debe ser hecha previamente, a través del historial de contactos de la empresa, de amigos, de internet y en el local, por medio de la recepcionista u otros colaboradores.

Califica tu contacto

Asegúrate de que estás hablando con la persona que realmente decide. Sería una pérdida de tiempo hablar media hora con alguien que no va a decidir nada ni influir en la venta. Busca ser más eficiente en tu acercamiento, y busca a la persona que realmente decide. Una forma educada e inteligente de descubrirla es preguntarle a tu interlocutor: "Además de ti, por supuesto, ¿quién más participa en las decisiones acerca de la contratación de servicios de seguridad?"

La puerta más difícil de abrir para un vendedor es la puerta del auto. La motivación es un elemento clave en el que también debes trabajar.

¡No tengas cara de vendedor!

Una de las tareas más difíciles para un vendedor es golpear a la puerta del cliente por primera vez para ofrecerle algún producto o servicio que no desea comprar, o cree que no necesita, sin haber sido llamado y sin referencias. Imagina encontrar a alguien que nunca has visto antes, sin saber cuáles son sus preferencias, estilo, personalidad y comportamiento, e intentar convencerle de que gaste plata en algo que no quiere. Sé que sabes muy bien cómo es eso.

Llamamos, anteriormente, *visita fría* a este tipo de encuentro. Lograr una venta por medio de una visita fría requiere conocimientos, habilidades, técnicas, actitud y experiencia de vendedor. Y esa visita será realmente "fría" para todo aquel que no esté preparado para hacerla. ¿Por qué no aprovechas para visitar a los vecinos o alguna gran empresa del esa área?

Quizás puedas hacer un trabajo de prospección o una visita sorpresa. Hay varias técnicas que se pueden utilizar para calentar esas visitas y convertirlas en ventas y relaciones duraderas. La primera de ellas es no tener cara de vendedor. Parécete a todo, menos a un vendedor. Hay clientes que abren la puerta a un ladrón mal vestido, pero no se la abren a un vendedor, por bien vestido que esté. ¿Por qué? Algunos ladrones se presentan como clientes que quieren consumir y gastar dinero. Ya han aprendido una lección básica:

> **Los clientes no abren la puerta a los vendedores, pero los vendedores sí se la abren a los clientes. Tenlo en cuenta para generar más encuentros espontáneos.**

¿Cómo es que algunos clientes descubren tan rápidamente quién es vendedor? Experiencia, intuición, observación… Descubrirás que muchos vendedores tienen cara de vendedor: apenas llegan ya se presentan como vendedores, hablan como vendedores, piensan como vendedores y hasta se despiden como vendedores. Llegan con el viejo maletín negro abarrotado de catálogos y sentencian: "Soy de la empresa… Vendo… ¿El dueño está? ¿Puedo hablar con él?".

Al instante, parece que suena una sirena de alarma y una luz de advertencia se enciende en la empresa. Todos bajan la cabeza, se concentran en sus escritorios y le toca a la recepcionista la misión de echar a la pobre víctima. Algunas hasta reciben entrenamiento especial para ello. Dicen: "El dueño está viajando", "Las compras son todas hechas por la casa matriz", "Usted tiene que programar su visita", "Mamá me recomendó que no hable con extraños"; todo vale. Cualquiera que sea la respuesta, es siempre negativa y frustrante.

En primer lugar, los clientes están hartos de vendedores de compañías de telefonía, gráficas, planes de salud, tarjetas de crédito, regalos… ¿Crees que eres el único que los ha visitado o va a visitarlos en ese día? No te parezcas a un vendedor. Deja tu maletín negro en el auto.

Es mejor parecer un cliente que va a consumir algo de la empresa, que está interesado en algún producto en particular.

En segundo lugar, elogia sinceramente lo que tenga que ser elogiado: decoración, productos, ambiente, servicios, cafecito o vendedor; y di que te encantaría conocer personalmente al gerente del lugar. Si el elogio es bueno y dices que podrías recomendarlos a otros amigos y familiares, es probable que suceda una presentación con el dueño. Ambos están pensando en vender más, en una promoción o aumento de sus sueldos... Hasta ese momento, no ha hecho falta identificarse.

En algunos casos, se puede presentar con alguna referencia: "Estoy aquí recomendado por...", preferentemente, algún gran cliente. Si dices que otro vendedor te recomendó, la luz de advertencia puede encenderse de nuevo y la visita se enfriará otra vez. Acuérdate: eres un potencial cliente, no eres un vendedor. Estudia bien los productos, servicios y valores de esa empresa. Debes prepararte bien para ese cliente y saber lo que puedes explorar en las conversaciones iniciales.

Tienes un producto o servicio. El cliente tiene una necesidad, deseo o problema. Construye el puente entre los dos, pero recuerda que no estás allí para vender. Dale consejos, habla de las soluciones existentes, sé un amigo e inspira confianza en tus palabras. Presta incluso asesoramiento gratuito. Sé alguien que le transfiere conocimiento y valores al cliente, en lugar de solo productos. Cita algunos casos en los que tus productos y servicios han proporcionado beneficios, ventajas competitivas, economía, comodidad, eficiencia, ahorro de tiempo, ganancia o aumento de la productividad para clientes como él. Como ya te has preparado, podrás contar una historia similar a la suya y atraer su atención.

Al fin de la visita, ofrécele tu tarjeta y coordina una visita para otro momento más oportuno, para hacer una presentación más completa. Cumple con lo que hayas prometido: hazle publicidad, llévale otros clientes, compra de él o genérale nuevos negocios.

Agrega todo el valor que puedas, ya que al fin de cuentas vas a agregar valor a ti mismo. Peor que no cerrar una venta es la incapacidad de iniciarla. Si no trae el contrato, no te preocupes, pues ya ha logrado otro contacto. Durante una visita fría, ten argumentos calientes y no te parezcas a un vendedor. Sé un cliente y conviértela en una visita caliente. Todas las puertas estarán abiertas para ti.

Capítulo 6

El acercamiento

Necesitas ganar la confianza del cliente desde el primer momento del encuentro. Cualquier clima de sospecha, hostilidad, antipatía, inseguridad o falta de confianza en el acercamiento reducirá tus posibilidades de cerrar la venta. Cuanto mejor sea tu acercamiento, mayores serán tus posibilidades de cerrar la venta y de que todos salgan satisfechos y realizados.

Nadie se olvida de la primera vez

Una venta es buena cuando es buena para ambas partes. Es buena cuando el comprador logra más de lo que espera, y a un precio tan bueno, que pasa a hablar a todo el mundo acerca de cuán satisfecho se ha puesto con la compra. Si deseas realizar un acercamiento impecable, toma los cuidados que se mencionan a continuación.

Puntualidad y profesionalismo

¿Quieres empezar ya a perder puntos con tu cliente? Llega tarde, desperdicia su tiempo y no vayas preparado para el encuentro. Los clientes juzgan, evalúan y comparan a los vendedores en los primeros segundos, incluso antes de pensar en el producto o en la empresa. Si no puedes llegar a la hora al compromiso quedado con el cliente, llámalo e infórmale del retraso. Después, intenta coordinar otro horario o día. Muchos piensan de la siguiente manera: "¡Si en el momento de vender tarda tanto para llegar, imagínese cuando sea para atender algún reclamo!".

Si tardan tanto cuando el interés es totalmente de ellos, ¿qué será de mí cuando el interés sea únicamente mío?

Respeta el espacio del cliente

No entres a la oficina de tu cliente sin golpear o sin ser llamado. No vayas de inmediato a sentarte en su silla, ni a tomar espacio de su mesa sin su permiso. Excepciones, por supuesto que las hay. Como en los casos en los que el vendedor es muy amigo del cliente. Si él te permite o te invita a poner cualquier cosa sobre la mesa, hazlo gentilmente, mientras le pides permiso y sin derribar nada. Acuérdate: no obtendrás una primera impresión positiva si sobrepasas los límites que el cliente impone.

Evita coordinar reuniones en horarios muy cercanos, sobre todo cuando los clientes están en lugares lejanos. Cualquier retraso puede perjudicar toda tu programación de aquel día. Visita una región a la vez.

Ve hasta la cumbre

Cuanto más alto empiezas, más grandes son las posibilidades de éxito, sobre todo cuando realmente crees en tu producto. Si es posible, empieza a vender desde arriba (a presidentes, directores y gerentes de las empresas). Toma un elevador al último piso de la empresa, donde trabaja su dueño y, luego, ve bajando a encontrar a aquellos que ejecutan sus órdenes. Si no puedes convencer al comprador, logra obtener el número de teléfono directo de su jefe o director, averigua la mejor hora de llamarlo e intenta coordinar una visita. Sé rápido cuando hables con él: ve directo al punto y sé convincente. Debes estar listo para las principales objeciones iniciales.

Ve hasta el piso de la fábrica

Por supuesto, hay aquellas ventas de productos que, de tan técnicas y detalladas, necesitan ser inicialmente trabajadas con técnicos directamente interesados, antes incluso de que hables con cualquier gerente. Cualquier intento de no incluirlos en la decisión puede provocar la pérdida de la venta, pues estarán dispuestos a influir negativamente en el proceso para demostrar su poder. Y darán todas las razones técnicas inimaginables y contrarias a tus argumentos. ¡No los subestimes!

Sé agradable con las secretarias de la dirección. Diles: "Sé que quien manda aquí es usted. Pero, ¿podría hablar con la persona que se considera su jefe?". A ellas les gusta ser reconocidas y les encantan los mimos y los elogios.

El contacto visual y el apretón de manos

No vayas a aplastar la mano de tu cliente al apretarla. Si él aprieta tu mano, aprieta la suya en la misma proporción para mostrarle la sintonía. Si es discreto en su apretón, selo también. Lo importante es tener sinergia y sintonía con su cliente. No necesitas romper su mano para demostrar que eres un analista profesional que inspira firmeza, seguridad y credibilidad. También mira al cliente a los ojos cuando estés presentando tu producto, pues eso le transmitirá confianza y seguridad.

Recuerda el nombre del cliente

Nunca olvides el nombre correcto de tu cliente y repítelo varias veces durante tu presentación de ventas. Investigaciones demuestran que el sonido que más le gusta escuchar es su propio nombre. Si no lo sabes, pregúntaselo a la secretaria. Esto debe formar parte de tu proceso de investigación, ya tratado anteriormente. Si no descubres su nombre antes del encuentro, no le preguntes directamente. Dile: "Mi nombre es (...). Y su nombre es...". Uno siempre completa esa frase. Peor que no saber el nombre es pronunciarlo de manera equivocada o cambiarlo por otro durante la conversación.

Es buena idea hablar un poco sobre el apellido del cliente, sobre todo si le parece familiar, ya que puede guardar una gran historia sobre sus antepasados, valores familiares y, quién sabe, apuntar historias y amigos en común.

Aprende a oírle

Quien escucha bien está en sintonía con el estado de espíritu del interlocutor, extrae la mayor cantidad posible de información del sondeo y percibe más fácilmente el mejor momento para realizar el cierre. Muchos vendedores, en el afán de querer mostrar que lo saben todo, llegan pronto a ofrecer una solución antes de descubrir cuál es el verdadero problema a solucionar. ¡Créeme! Muchos dejan pasar la oportunidad de vender algo más caro por descuidar esta regla. Escucha atentamente el tono de la voz del cliente e intenta percibir cualquier variación resultante de sus emociones. Trata de sentir las emociones de tu cliente por medio de su voz.

Sé un buen observador

Las viviendas, oficinas o espacios de trabajo reflejan intereses de los clientes. De repente, tu cliente puede tener una misma área de interés que tú (religión, pesca, música, deportes, entre otros), algo que puedes aprovechar para entrar en confianza. Encontrar un punto en común con tu interlocutor es muy útil para romper el hielo, pero, claro, si no es falso y si no finges saber de un tema que no conoces. No empieces tratando de engañarle para ganar su confianza. Más adelante, trataré sobre la mirada 360 grados.

Muchas cosas en la oficina de sus clientes pueden apuntar a rasgos de su personalidad. ¡Debes estar atento! Sobre todo, las fotos, premios, cuadros, piezas de adorno y objetos sobre su escritorio. ¿Quieres ganar la admiración del cliente? Empieza por admirar y elogiar a sus hijos.

Tarjeta de visita a mano

Si no la tienes a mano en el momento adecuado, no des excusas vacías. Tu obligación es estar siempre con varias tarjetas en tu bolsillo. Cuando el cliente te entregue la suya, no la guardes de cualquier manera: ponla sobre la mesa, vuelta hacia ti. Además de mostrar la consideración, te será útil si necesitas recordar su nombre.

Preguntas inteligentes

Hazle preguntas que te den la base para tu presentación. No pierdas tiempo con preguntas tontas, porque irritarán al cliente. Hay preguntas que sirven para obtener información y te ayudarán a descubrir qué quiere realmente el cliente. Una pregunta bien hecha puede ser literalmente la clave que abra la puerta del cliente. Busca investigar y descubrir necesidades, deseos y excentricidades no reveladas. Son esos secretos los que hacen que el cliente se decida instantáneamente por la compra.

Lo que digas en los momentos iniciales puede comprometer toda la entrevista. Habla de manera positiva; mostrarle al cliente un gran beneficio es la mejor manera de conseguir su interés al inicio de la conversación.

Horario y local del encuentro

Hace falta pautar muy claramente el horario, duración y lugar de la visita. El cliente puede olvidarse de la reunión o, peor, demostrar impaciencia por falta de tiempo o no dedicar toda su atención debido a alguna incomodidad provocada por el lugar. Elige horarios oportunos. Ya he notado que no es buena idea coordinar reuniones para el principio del día, que es cuando sus clientes están muy ocupados con la resolución de problemas urgentes. Los ambientes inhóspitos e inadecuados pueden ser obstáculos para tu visita; si no tienes la atención de alguien, no lograrás comunicarte y transmitir tu mensaje.

Si eres vendedor y sabes que has cometido un error grave en algún momento del acercamiento, sé humilde, consciente y pídele a tu gerente que envíe a otro en tu lugar. Y aprende con ese error.

El acercamiento perfecto es aquel que hace que te echen de menos cuando te vas.

Un acercamiento inicial impecable

Planifica y elabora tu saludo; prepara con cuidado tu primera presentación. En la mayoría de los casos, el cliente decide si va a comprar o no de ti en los primeros minutos de conversación. Elabora un saludo sucinto y claro para tu cliente. Ve el ejemplo siguiente:

"Soy (...), trabajo para la empresa (...), soy un experto en seguridad y me gustaría saber si usted tiene algún sistema para proteger su casa (empresa) y su familia."

Lo ideal es que dejes que el cliente hable un poco sobre la seguridad de la que dispone en su residencia o empresa para minimizar sus riesgos y protegerlo ante eventuales situaciones de riesgo. Ese es el momento de oírlo y obtener información, para luego poder sugerir soluciones que mejoren su seguridad de manera específica. Este es el momento en el que puedes darte cuenta si él no valora la seguridad y corre muchos riesgos exactamente por eso. Muchos empresarios creen que pagar un seguro es suficiente para solucionar el problema de la inseguridad. De la misma manera en que tú lo descubriste, también un potencial ladrón pudo haber percibido ese desinterés por la seguridad.

Muchas personas todavía no se dan cuenta de los riesgos que corren por la falta de sistemas de seguridad; todavía creen que viven en los tiempos románticos de sus abuelos. Pero no es casual que a los ladrones les encante atacar a los abuelos en la puerta de los bancos. ¿Por qué? Porque atacan cuando ven **Atractivo**, **Vulnerabilidad** y **Oportunidad**.

Si el empresario trabaja con alguna mercancía valiosa que llama la atención del ladrón (Atractivo), si no tiene ningún sistema de seguridad (Vulnerabilidad) y, además, no tiene hábitos de prevención (Oportunidad), corre un gran riesgo de ser asaltado o robado. Si una mujer está, por ejemplo, mucho tiempo sola en casa (Vulnerabilidad), tiene dólares, joyas o equipos electrónicos caros (Atractivo) y no tiene ningún sistema de seguridad instalado que la proteja cuando debe salir (Oportunidad), también correrá el mismo riesgo que el empresario. Si se casan, resulta que el riesgo se duplica. Si tienen hijos, tienen mucho más que perder.

Ningún patrimonio es mayor que nuestros hijos.

Establece y comunica inicialmente los principales beneficios de tu empresa y servicio. Ordena en tu mente todos los beneficios y ventajas más atractivas de tu servicio o producto para cada cliente en particular y no te olvides de decir cuál es su valor diferencial. Eso es muy importante a la hora de la comparación que el cliente realizará en su mente.

No te olvides de aprovechar el nombre de la marca cuando trabajas para una empresa fuerte o líder en el mercado. Algunos clientes piensan: "Si es líder hace un buen tiempo, es buena. Si no fuese buena, no sería líder".

Planifica la secuencia de acción y el enfoque inicial. Entrena, entrena y entrena, como un atleta olímpico o un artista de circo, que entrena entre seis y ocho horas diariamente para alcanzar la excelencia. Nadie sube a un escenario sin un mínimo de ensayo; sobre todo, si no se quieren recibir abucheos al fin de su presentación.

Haz que el cliente pague a la salida del espectáculo.

Sé breve y objetivo en tus visitas. Haz algunos ensayos de la presentación prestándole especial atención a la duración, para no perder tu tiempo ni el del cliente. Si el cliente desea conversar más y prolongar el encuentro, es él quien debe decidirlo. Muchas veces, los vendedores pierden mucho tiempo hablando de la empresa y de otros temas menos importantes y, cuando llega el momento de realmente hablar de sus productos y servicios, el cliente finaliza el encuentro. Así que ten el dominio del tiempo, del discurso, de la presentación y de la atención del cliente.

No se puede hablar una hora y media en una reunión que durará solo media hora.

Entrena con familiares y amigos tu acercamiento y discurso para el cliente, pues esas personas tendrán más paciencia contigo. Pídeles que te hagan preguntas; podrían tener dudas similares a las de tu cliente.

Al principio de mi carrera como vendedor, me di cuenta de que no lograba mantener la atención del cliente durante mucho tiempo. Descubrí, una vez, que algunos empresarios se ponían de acuerdo con sus secretarias para que interrumpieran la conversación después de quince minutos de mi entrada, con la excusa de una llamada urgente o una visita inesperada de alguien más importante. Resultado: cuando estábamos en lo mejor de la conversación (para mí, claro), él la finalizaba, pues seguramente no le estaba agregando mucho valor. ¿Cuál era el problema?

Falta de competencia, poco conocimiento, bajo capital intelectual y conversación poco interesante.

Tras tomar muchas clases del CHA CHA CHA de la competencia, percibí que podría quedarme más tiempo con el cliente si decía algo que le interesara. Entonces, busqué estudiar y entender cada vez más sobre su negocio, estrategias de la competencia, tendencias y perspectivas de su nicho, datos y estadísticas de su mercado. Resultado: cuando la secretaria le interrumpía con el viejo discurso, él mismo se encargaba de despacharla y seguir con la charla. En algunos casos, era yo quien tenía que cerrar el encuentro, pues tenía otras visitas programadas y él no quería dejarme salir. He tomado tantas clases del CHA CHA CHA de la competencia que hoy uso toda mi experiencia en mi función de conferencista en mis charlas y consultoría empresarial.

Peor que no cerrar una venta es no poder iniciarla.

i quieres disponer de más tiempo y atención del cliente, sé interesante y agrega algo muy valioso para justificar el encuentro. Recompénsalo por su tiempo.

Cómo causar una buena primera impresión

La primera impresión es muy importante. ¡Créeme! Formas parte del paquete que ofreces y vendes para tu cliente. Ya he visto a muchos vendedores perder ventas por su directa responsabilidad: si la empresa hubiera mandado a cualquier otro en su lugar, habría tenido éxito. En estos casos, el problema no es con el producto, empresa o servicio, sino con la experiencia negativa provocada por un acercamiento infeliz o mal planeado. A veces, el cliente decide comprar el producto, se siente atraído por el servicio, decide comprar de la empresa, pero no le agrada el vendedor, ya sea por alguna antipatía o falta de empatía. Has cometido algún error, metida de pata o se ha producido un malentendido en el acercamiento. ¡Ya basta! ¿Quién es el próximo?

¿Quieres causar una primera buena impresión? Bueno, observa los siguientes puntos.

Sé educado

De nada sirve patear a un perro en la calle, tocar bocinazos para que te abran la puerta, tomar el estacionamiento para discapacitados, subir al césped del jardín de la empresa, hablar de forma ríspida e irrespetuosa con el portero o la recepcionista y luego poner cara de santo al entrar en la sala del comprador. Ya he visto situaciones donde todo estaba bien hasta que el dueño de la empresa le preguntó al portero, recepcionista o la secretaria qué les parecía el vendedor. No tienes que parecer, tienes que realmente ser educado y tratar bien a todas las personas, independientemente de su clase social, ocupación profesional o puesto en la empresa.

Discurso

Ten un discurso de ventas simple, objetivo, sincero y claro. No sirve de nada hablar bonito y difícil para un cliente que es simple y humilde. Tampoco ayuda hablar con varios vicios de lenguaje, jerga o de manera equivocada. No crees una barrera entre ti y tu cliente con tu discurso.

A fin de cuentas, es posible que pierdan el interés en entenderte. Elogia sinceramente lo que merece ser elogiado, sobre todo, con relación al producto, servicio, instalaciones, calidad de la empresa y sus empleados, especialmente a aquellos que están en puestos jerárquicos más bajos.

Toda empresa tiene un código de valores, una cultura, una tradición y una historia por detrás de su marca. A los dueños les gusta contarla. Historias valiosas pueden generar ventas valiosas.

Comportamiento del cliente

Observa atentamente las acciones, gestos y actitudes de tu cliente; especialmente, sus reacciones mientras estés hablando de tu producto. Observa el lenguaje del cliente, especialmente, el no verbal. Utiliza un lenguaje correspondiente. Busca sinergia. Si notas que el cliente demuestra impaciencia o ansiedad, pregúntale si no le conviene coordinar otro horario u otro día. Acuérdate: necesitas su total atención.

Comportamiento del vendedor

No importa cómo te has despertado, cómo ha sido tu desayuno, si has tenido problemas en el tráfico hasta llegar a la empresa, si tu jefe ha venido a fastidiarte, si tu equipo favorito ha perdido... Es tu deber recordar que el cliente no tiene nada que ver con tus problemas, rabia o resentimiento. Controla tus reacciones. No permitas que tus sentimientos o emociones negativas salgan a la superficie e interfieran en el encuentro con el cliente. Promueve una experiencia emocional positiva para   el cliente. No podrás lograr una segunda venta con alguien que se haya enojado con tu comportamiento en la primera.

No te irrites con los clientes. Aunque nunca tomen la decisión de comprar o no cumplan con tus expectativas, perdónales; al fin, también son seres humanos con problemas y miedos. La venta de seguridad también es una relación humana.

Cultiva vínculos

Establece un vínculo con el cliente desde el principio: busca historias, información y recuerdos favorables. ¿Cómo quieres ser tratado en el futuro? ¿Cómo un vendedor más o como un amigo? En la próxima llamada que le hagas puedes tratar asuntos que le interesen, o mejor, temas que sean comunes a ambos, antes de hablar de negocios. Cuando se habla solo de negocios, la charla se vuelve muy fría e interesada. Trata de conversar sobre sus problemas y de qué manera tus conocimientos y relaciones pueden ayudarlo. De lo contrario, el cliente no se acordará de tu nombre, ni de quién eres la próxima vez que se hablen. El cliente solo estará vinculado a ti si estás definitivamente vinculado a él.

Vuélvete memorable

¿Qué sucede cuando algún cliente, a quien has visitado, llama a tu empresa decidido a comprar tu producto? El personal de Atención al cliente ya lo ha escuchado varias veces: "Vino un joven aquí, otro día, dejó el catálogo, pero he perdido su tarjeta. Por favor, envíeme a otro vendedor para poder hacerle el pedido". Todo gran campeón en ventas sabe hacer su marketing personal y se vuelve memorable para el cliente. Y tú,

¿cómo quieres ser recordado? Realiza acercamientos y presenta argumentos fuertes de ventas que ganen la atención del cliente.

Ten un mensaje fuerte y memorable. Al fin de cuentas, ¿cómo se acordará de ti después de unas semanas, cuando decida comprar el producto? ¿Sabrá describirte cuando desee recomendarte a alguien?

No uses siempre la misma táctica con todos los clientes ni te portes siempre de la misma manera. Cada cliente es un acercamiento, una relación y un vínculo distintos.

Uso del móvil

No contestes tu móvil delante de tu cliente; este es un pecado capital. He presenciado a algunos vendedores que interrumpieron la conversación con el cliente en el momento exacto en el que iba a firmar el pedido para decirle a su esposa que pasarían en la panadería para comprar el pan, el queso o la comida para el perro. Sin hablar de las formas cariñosas, pero inadecuadas, de llamar la pareja cuando uno está frente a frente con el cliente: "cariño", "amorcito", "conejita", "nena", etc. El cliente es la persona más importante en ese momento y no le gustará nada ver tu atención desviada a otra persona, aunque sea su pareja. Si es alguna emergencia, sé breve; de lo contrario, la venta puede enfriarse y se corre el riesgo de que el cliente no cierre la compra. Pueden incluso decir, por educación, que no les importa, pero casi siempre se molestan con la situación.

Evita discusiones

Busca evitar discursos inflamados sobre política, religión o fútbol, entre otros temas delicados. Principalmente, cuando tú y tu cliente pertenecen a corrientes ideológicas o grupos distintos. Reacciona a las ideas, no a las personas. No permitas que tu opinión, o cualquier prejuicio que tengas, afecte tu juicio sobre lo que él piensa o dice. A ningún cliente le gusta ser contrariado en sus afirmaciones. No busques ganar una discusión con el cliente, ya que perderás la venta. Es mejor cambiar de tema con alguna máxima (por ejemplo, "Es un tema complicado") que salir de allí con un enemigo y sin el contrato firmado.

Una forma de reducir la resistencia del cliente es mostrar que ambos forman parte de un grupo (tiendas, bancos, residentes de un barrio determinado, entre otros) que tiene las mismas necesidades y problemas.

Sé ético

No hables mal de tu competidor o de sus productos. También evita hacer bromas sobre otros vendedores y contar chismes sobre otras empresas, especialmente cuando sean competidores de tu cliente. He visto a un vendedor perder una venta porque habló mal de un competidor de su cliente; lo que no sabía era que aquel competidor era el hermano del cliente con quien hablaba. Busca siempre dar la información correcta y sé honesto cuando no sepas la respuesta; búscala y luego llama al cliente para darle la respuesta correcta.

Las empresas éticas valoran, obviamente, profesionales y proveedores éticos. Sé un ejemplo en tu empresa y en la sociedad. Muestra que cumples lo que prometes y conquista la confianza del cliente con tu credibilidad.

No tendrás una segunda oportunidad de causar una primera buena impresión.

La mirada de 360 grados

"Los ojos son las puertas del alma". ¿Cuántas veces has escuchado esa frase? Muchas ventas y negociaciones se pierden porque la gente se la olvida: actúa de manera fría, impersonal y no se entregan de cuerpo y alma a lo que están haciendo. Mientras algunos lanzan miradas vacías e inexpresivas, otros ni siquiera establecen contacto visual. ¿Hay algún secreto en la mirada de un campeón en ventas?

Una vez, salí a vender con un alumno y me di cuenta de algo extraordinario: él solo miró al cliente cuando llegó y al levantarse de la silla para irse. Durante todo el proceso de ventas, miró los catálogos y manuales en su mano o la mesa de cristal de su cliente. Parecía que estaba más interesado en los zapatos o en las medias que en la venta. Al fin, me di cuenta de que simplemente no lograba mirar a sus clientes a los ojos debido a la timidez, la inseguridad o el miedo.

¿Qué pasaría si alguien muy importante viniera a tu casa y decidieras, al comprobar su presencia, cerrar la puerta en su cara? ¿Cómo se sentiría? Como mínimo, decepcionado. Ni siquiera hay que decir que, si fuera un cliente, desistiría de comprar el producto. No cierres nunca las puertas de tu alma. Debes aprender a dar la bienvenida a los ilustres visitantes (clientes) y a revelar la pureza, sinceridad, brillo y vibración positiva de tu alma, durante el encuentro, por medio de tu mirada.

Si hay dos, tres, cuatro o diez personas delante de ti, ten el cuidado de mirarlos a todos. A fin de cuentas, nadie debe sentirse excluido del proceso. Quizás esa persona incluso esté dispuesta a entorpecer cualquier negocio favorable para quien le ignoró. Henry Ford solía decir: "Obstáculos son aquellos peligros que uno ve cuando quita los ojos de su objetivo". Si no quieres tener personas como obstáculos, no quites los ojos de tu objetivo ni de nadie que esté frente a ti. Al fin de cuentas, la satisfacción de esas personas comienza por el debido reconocimiento y valoración.

Una gran oportunidad también se pierde cuando tenemos acceso a la sala de nuestro cliente o de nuestro interlocutor durante una negociación, y no prestamos atención al ambiente. A ese proceso lo llamo la *Mirada 360 grados*: no solo mirar a quien está delante de ti, sino también hacia todas las direcciones del ambiente.

Si deseas aprender más acerca de la personalidad, el pensamiento y la opinión de alguien, escruta su oficina o ambiente. Parte de lo que está sobre el escritorio o pared de su cliente representa cómo quiere ser visto por los visitantes. Su ambiente es el reflejo y la extensión de sí mismo. Si restringes tu ángulo de visión, estarás disminuyendo tus posibilidades de detectar una posible necesidad, deseo o excentricidad del cliente que te pueda ayudar a cerrar la venta.

He visto a vendedores a los que les gusta pescar perder una venta con un cliente porque no notaron que había un kit de pesca detrás de la puerta de su oficina. Otro era jugador y no se dio cuenta de un trofeo de fútbol en el último estante de la estantería de la sala. También ya he visto a alguien hablar mal de los evangélicos antes de percibir las fotos de su cliente al lado del pastor, en la Iglesia. ¡Cuántas oportunidades perdidas por falta de una observación cuidadosa!

¿Qué te parece si aprendemos con los animales? Ya sea para estrechar una relación o para evitar un gran desengaño, debes aprender, desde temprano, a observar todo con ojos de conejo (visión periférica de 360 grados). Al fin ya al cabo, así es que puede escapar de sus predadores. O, más bien, hazlo como un búho, que gira su cabeza 180 grados para ver lo que hay detrás, incluso en la oscuridad. O, aún más, hazlo como un águila de ala redonda, que es capaz de ver pequeños roedores cuando está volando a cinco mil metros de altura.

Mira todo, a todos y hacia todas las direcciones, pues los ojos también son las puertas al mundo. Los 360 grados significan 360 perspectivas y oportunidades de venta. Acuérdate de que los desencuentros de miradas provocan pérdidas de ventas, fallas en negociaciones y relaciones no concretas. ¿De qué le sirve a una empresa decir que sus puertas están abiertas para sus clientes, cuando, en realidad, sus vendedores no abren las puertas de sus almas a los visitantes más ilustres de la empresa? ¡No hagas lo mismo! El peor ciego es siempre el que no quiere ver.

Capítulo 7
La presentación

Ahora que ya has aprendido a realizar un acercamiento impecable y obtener una primera impresión positiva, vamos a pasar al siguiente paso: la presentación de los productos y servicios. En cada proceso de ventas, es imprescindible destacar los beneficios, ventajas y el valor diferencial de los productos y servicios presentados. Pero no basta con echarlos al viento con la esperanza de ser escuchado; tu objetivo más importante es hacer que su cliente entienda por qué debe comprar de ti y no de tu competidor.

Cada momento de la presentación es único y debe ser bien pensado, planificado y ejecutado. Es posible que no tengas la posibilidad de volver a hacer otra presentación para ese cliente o empresa en toda tu vida. Cualquier falla puede costar un cliente, una venta, recomendaciones futuras que no se darán y, de ahí, más clientes, más ventas, más recomendaciones... entramos en un ciclo vicioso.

El punto C de la compra

¿Cómo sabrás cuál es la mejor solución para el cliente mientras no sepas cuáles son sus problemas? Si vendes un producto que no resuelve el problema del cliente, solo has resuelto el tuyo: ganar tu comisión de la venta. Pero correrás el riesgo de que haya alguien hablando mal de ti, diciendo cuán insatisfecho quedó con tu producto. Ese es un problema mucho más grande que cualquier comisión. Ten en cuenta que no vendes productos o servicios, sino soluciones ideales para los problemas reales de los clientes. Debes trabajar para hacerla cada vez más ideal, eficiente y útil para cada caso particular.

Durante una presentación, más importante que hablar es hacer que el cliente presente sus necesidades más inmediatas y los problemas reales que le quitan el sueño. Investiga y descubre más que la competencia. En primer lugar, haz que el cliente presente sus necesidades, sus deseos, sus problemas y sus expectativas. Después, presenta tu empresa, tus productos, tus servicios, tus ventajas, tus beneficios y las soluciones que le puedes ofrecer.

> **No seas solo vendedor, sé un consultor de problemas. Siempre hay un problema principal; solucionarlo hará que tu cliente te compre a ti y no a tu competidor.**

Pero, ¿cómo descubrir efectivamente sus deseos y necesidades? Puedes guiar a tu cliente por medio de preguntas que busquen la información o los datos necesarios para tu presentación. Saber presentar un producto es saber preguntar y, principalmente, poner atención máxima en las respuestas. A continuación, mencionamos tres tipos de preguntas que se pueden hacer para obtener la información necesaria para hacer una exitosa presentación de ventas.

Preguntas cerradas
Buscan respuestas rápidas, del tipo "sí" o "no", o sea, respuestas claras. Por ejemplo: ¿desea que nuestro auto blindado pase por la mañana? ¿Cuántos empleados tendrán las contraseñas? ¿La empresa funciona las 24 horas del día? ¡Ojo! Aunque sean directas y claras, las respuestas no siempre son sinceras. Ni todo "sí" es sí, ni todo "no" es no. Forma parte del juego no revelar toda la verdad.

Preguntas abiertas
Buscan un sondeo más profundo, que el cliente manifieste más abiertamente lo que piensa. Por ejemplo: ¿cuál es su opinión sobre los

costos que tiene usted con la inseguridad? ¿Cuáles son sus problemas actuales de seguridad? ¿Qué busca usted en una empresa de seguridad? ¿Qué le hizo elegir ese producto? ¿Qué haría para tener más control de lo que sucede en su empresa, cuando no está usted presente? ¿Qué más teme usted que suceda, cuando deja a su bebé con alguna niñera desconocida?

Preguntas guiadas

Son útiles para dirigir la conversación o presentación para el cierre. Utilice esas preguntas para saber cómo está el clima de la venta, si el cliente está más o menos inclinado a la compra. Por ejemplo: ¿No está usted de acuerdo en que el daño por robos y hurtos en su tienda cuestan más que nuestro precio? ¿No sería mejor tener un sistema de grabación de vídeo con acceso por internet? ¿No cree usted que sería mejor tener más sensores instalados, es decir, más protección en la empresa que un pequeño descuento en el monitoreo? ¿No sería más interesante un plazo más largo de pago que un precio menor?

Haz más preguntas abiertas, sobre todo, al principio de la presentación, y descubre las necesidades reales de los clientes. Las preguntas deben ser claras y concisas. Puedes utilizar las preguntas cerradas ya cerca del fin del encuentro, cuando sientas alguna ansiedad por parte del cliente, a fin de obtener nueva información que facilitaría la venta. Por último, trata de dirigirlo hacia el cierre, por medio de preguntas guiadas, a fin de evaluar hacia qué lado se está inclinando la balanza.

Aprende a hacer preguntas ciertas y presta mucha atención a las respuestas. Dedica el 25% del tiempo a preguntar y 75% a oír a las respuestas.

No siempre es fácil lograr que el cliente revele todas las claves que le harían comprar de ti. El encuentro inicial es un abismo que te aparta de tu cliente. Él pretende quedarse allá, aislado; decirte solo lo que cree que debe decirse. Y tú estás de este lado, con el deseo de lograr conquistar su confianza. A la distancia, no es un diálogo fácil: casi siempre es un diálogo sordo, perceptible solo para aquellos que saben oír en lugar de solo hablar.

Por lo tanto, oye y observa atentamente todas sus respuestas, expresiones faciales y corporales. Escucha los sentimientos de tus clientes no solo con el oído, sino con todos sus sentidos.

Como analista profesional de ventas de seguridad, necesitas extraer las necesidades y deseos más ocultos de la persona que está del otro lado. ¿Qué hacer para eso? Construye un puente entre ustedes, muéstrale que puede confiar en ti y camina hacia él o ella. Encuéntralo en el otro lado de ese puente. Cuanto más cerca, más escuchas, más ves, más puedes sentir y, por lo tanto, más profunda será tu comprensión de lo que está queriendo transmitir.

Obtener más ingresos, disminuir los costos y aumentar la eficiencia será siempre uno de los más importantes deseos de los propietarios de empresas, los directores financieros y los gerentes.

Desarrolla las habilidades de comunicación, la empatía y la sinergia con el cliente. Haz que el cliente se sienta a gusto, cómodo y abierto para hablar más de lo que pretendía sobre sus motivaciones. La compra de un producto es una acción como cualquier otra. Y todo cliente tiene un motivo que lo impulsa a esa acción. Todos tenemos un punto que dispara la acción de compra: lo llamo *punto C*. Generalmente, cuando te acercas a ese punto, el cliente se interesa más por la charla, se sorprende con tu presentación y empieza a repetir preguntas como "¿Y se puede hacer eso?", "¿Y se puede hacer aquello?".

Si logras llegar a ese punto C de la compra, seguro alcanzarás el clímax del cierre.

La percepción que cada cliente tendrá de tu producto o servicio es realidad para él. Lo que importa no es lo que dices, sino como percibe y aprehende tu discurso de ventas. Mientras él crea que tu producto no soluciona su problema, no lo comprará. No importa cuán maravilloso sea ni las calidades que tenga. Busca, por lo tanto, durante la presentación, alinear su percepción con tu discurso. De lo contrario, el cliente permanecerá aislado del otro lado del abismo. La mejor forma de hacerlo es impresionando sus sentidos. Los sentidos son las puertas a la percepción del cliente. Veremos, muy pronto, cómo involucrar al cliente durante la presentación.

Por lo tanto, debes anticipar las reales necesidades, deseos y motivaciones de los clientes. Sonda, pregunta e investiga. Después, contesta al cliente **qué es lo que va a ganar con eso y cómo tu producto puede ayudarle.**

Presentar bien un producto o servicio es saber acercarlo al cliente, alineando los valores, ventajas y beneficios del primero con los deseos del segundo. Mientras las características no sean realmente percibidas como beneficios, ventajas realmente competitivas y de valor, no estarás presentando nada atractivo y convincente.

Solo vendes cuando el cliente compra.

Empieza por mostrarle razones lógicas y emocionales para que adquiera tu servicio. No hace falta vender nada. Hazlo comprar tu producto. ¡Activa su punto C!

La balanza del valor

Cada persona tiene su código de valores, juicios y creencias. Como ya se ha dicho, cada venta es un proceso de excavación continua, de extracción del oro, el que se encuentra mucha resistencia y dificultades. Raramente encuentras la joya al principio, porque está bien escondida. ¿Y cuál es la joya más valiosa? Lo que cada cliente más valoriza en su vida.

Por lo tanto, cava el valor desde el principio de tu presentación. No se quedes solo en el enfoque de las características físicas de los productos, ni de sus ventajas. Ve más allá y dile lo que el producto hará a cada cliente o problema en particular. Muéstrale cuáles son tus diferenciales y los de tu empresa. Recapitula todos los beneficios previamente presentados y muestra todos los valores que tu producto y tu empresa podrían agregar a su cliente. Haz que el cliente se de cuenta del valor real de lo que estás vendiendo. Pruébale a tu cliente cuánto valor sería agregado con la compra. En resumen, en el proceso de presentación, debes:

Cavar bien el valor

CAracterísticas de los productos (¡Preséntalas!).

Ventajas del producto para el cliente (¡Resáltalas!).
Relacionar los diferenciales de la empresa (Imprescindible).

B(I)ENeficios económicos, operacionales (¿Qué gana?).

VALOR (agrégale valor a tu precio).

No podemos tratar a todos los clientes de la misma manera; todos tienen valores distintos. Cada uno apreciará más o menos determinados aspectos del servicio o producto. Entre los puntos que más estimulan al cliente durante el acercamiento, podemos destacar los más comunes: costo bajo, el ahorro, servicio agregado, poder, desempeño, *status*, eficiencia, tecnología, entrenamiento, seguridad y lujo, entre otros.

El concepto de *valor* no se forma en el producto o servicio, ni dentro de la empresa. Toma forma en la mente de las personas. Es la percepción que cada uno tiene del valor de un determinado bien o servicio. Cuando oímos la frase: "Es caro, pero vale la pena", sabemos que ahí hay un buen concepto de valor percibido por el cliente. Descubrimos cuánto valora un producto cuando sabemos cuánto está dispuesto a gastar para tenerlo.

Imagina una balanza: de un lado está el precio, del otro, el valor para el cliente. Si se inclina hacia un lado, él afirma: "¡Muy caro! No estoy para gastar dinero con eso en este momento". Ahí, vuelves a casa sin la

petición firmada. Si ella inclina hacia el otro lado, él piensa: "Es un buen precio, vale la pena". Por lo tanto, te toca a ti añadir todo el valor que puedas para que la balanza se incline hacia el lado correcto, a tu favor.

¡Ah! Como toda balanza, también tiene pesas de tamaños diferentes; así es con el valor. Cada atributo, realmente percibido y valorado por el cliente, que puedas colocar en esa balanza, tendrá un peso mayor. Por lo tanto, empieza con poner los mayores valores, o pesas, en su plato. Sal adelante y habla el mismo idioma que tus clientes. Comunica, ofréceles y entrégales lo que quieren.

Cuando vendes productos con precios más altos, debes aprender, desde temprano, que los deseos fuertes no ven precios. Debes despertar en el cliente un fuerte deseo de comprar tu producto. Solo una cosa vence el precio: el valor. El valor es algo que no tiene precio.

Por lo tanto, no presentes tus productos y servicios. Presenta valores que se alinean con los valores de quien los está comprando. Mientras no descubras cuáles son los valores más importantes para tu cliente, además del precio bajo, estarás presentando solamente productos. En ese caso, una presentación en la computadora o video podría tener más éxito que tú.

Pero ninguna computadora o video jamás logrará descubrir lo que cada cliente, en particular, de verdad está escondiendo. Todo es muy subliminal.

Ninguna cámara captaría los intereses detrás de cada mirada. Ningún equipo tecnológico descubrirá las más importantes ansiedades y expectativas.

El valor está en los ojos de quien observa.

Cinco razones para vender seguridad

El marketing aplicado y el discurso de ventas que solemos utilizar en el mercado de la seguridad se apoyan en el trinomio *protección*, *confort* y *tranquilidad*. Asimismo, me arriesgo a decir que, si accedemos a las redes sociales o a los sitios web de las mayores empresas de seguridad, podremos ver una casa, una familia sonriente, un perro, un césped verde y una o dos de estas tres palabras.

En mis conferencias, hablo de otras palabras además de *protección, confort* y *tranquilidad*. Son más que palabras. Son motivaciones que debemos transmitir a los clientes que deseen a comprar seguridad, puesto que van un poco más allá de la propia seguridad. Son razones para comprar alarmas desde la perspectiva de los clientes y no de los vendedores.

Veamos cinco de estas motivaciones.

1. *Longevidad*

Utilizar la alarma solo para evitar que personas no autorizadas ingresen a la residencia o local comercial, por ejemplo, es pensar con límites y no ver más allá. Podremos vender mucho más de lo que ya hemos vendido si utilizamos la alarma como medio principal para evitar que la gente salga de las casas o apartamentos, o sea, para preservarlas. Siempre oímos historias de niños que abrieron la puerta de la casa y cayeron en la piscina; también oímos historias de ancianos con mal de Alzheimer que salieron de casa y les costó mucho regresar. Un simple sensor magnético reportaría a una central de monitoreo cuando esas puertas fueran abiertas desde adentro hacia afuera.

2. Libertad

Tengo el hábito de preguntarles a mis amigos cuándo fue la última vez que viajaron. Descubro que muchas personas no viajan porque no quieren dejar sus casas y por miedo a perder su patrimonio. Poseen dinero, tiempo y energía para viajar, pero no libertad, porque están atrapados en sus casas. Viven en una cárcel y se vuelven carceleros de sí mismos. Entonces, más que seguridad, ellos necesitan libertad para salir de sus casas: necesitan poder monitorearla o recibir notificaciones en su teléfono móvil en cualquier momento y lugar.

3. Procesos

Además de avisar cuando un ladrón ingresa en una vivienda, podríamos monitorear horarios de llegada y salida de nuestros hijos y empleados, saber cuánto tiempo permanecieron en la empresa o residencia. Podríamos integrar el panel de alarma a las soluciones de control de acceso que van a monitorear, registrar, permitir o impedir la ida y la llegada de personas.

4. Proximidad

Vender seguridad, confort y tranquilidad no funciona bien para dueños de casa que viven en condominios residenciales. ¿Por qué? Porque ellos ya se sienten seguros, cómodos y tranquilos viviendo en esos condominios. Hace tiempo, recuerdo que acompañé a uno de los vendedores de la compañía en donde yo trabajaba; él estaba tratando de venderle a una señora ama de casa, que además era empresaria y tenía hijos adolescentes. Mientras hablábamos de seguridad, ella estaba convencida de que las alarmas y el rastreo de vehículos tenían precios muy elevados, pero ella usaba un bolso de Louis Vuitton que triplicaba el precio de la alarma que el vendedor estaba ofreciendo. Se notaba con cierta resistencia. Le pregunté: ¿usted compraría un sistema que le permita monitorear a su hijo a cualquier hora y sin importar en dónde usted se encuentre vía aplicativo de celular? Sus ojos brillaron.

¿Qué vendí? ¡Proximidad a sus hijos! Le vendí estar más cerca de los que ama.

5. *Distancia*

Los sistemas de incendio son perfectos para automatizar procesos en los que hay un alto riesgo para las personas, ya sea en lugares de alto movimiento o en nuestras casas. Podríamos distanciarlas del fuego, colocando un sensor de humo para monitorear y avisar aún en el momento inicial del incendio. Una buena pregunta es por qué no tenemos sensores de incendio en las habitaciones de nuestros bebés o sensores de fugas de gas instalados en nuestras casas.

Recuerde bien y use estas palabras cuando quiera para vender más seguridad. He entrenado equipos de ventas en el mercado de seguridad desde hace más de una década y enseñado que la venta de seguridad es vender algo más que seguridad, comodidad y tranquilidad. Descubra lo que sus clientes más quieren comprar y véndaselos.

¿Cómo obtener la máxima atención del cliente?

Para atraer la atención de un cliente, hazle una afirmación que no pueda ser negada o contrariada. Preferentemente, presenta un hecho inequívoco. Después haz una observación personal que refleje tu experiencia y genere credibilidad. Por fin, haz una pregunta abierta que incorpore las dos primeras etapas. Por ejemplo: "Señor Carlos, comprendo el impacto de los daños provocados por robo, hurto o asalto a su supermercado.

Datos estadísticos de la Asociación de Supermercados y mi experiencia han demostrado que esa pérdida puede representar el 2% de su facturación bruta. ¿Qué están haciendo ustedes para evitar esa situación? Traigo conmigo una solución que saldrá más barata que ese 2% y aún se pagará en menos de un año".

Logra una atención favorable y un estado emocional receptivo del cliente. Uno de los mayores desafíos de un analista profesional de ventas es lograr la atención máxima del interlocutor durante una presentación. Hay una fórmula muy usada por los analistas profesionales de ventas que trata de la conducción de una presentación y cómo obtener una atención favorable y el cierre de la venta.

Fórmula AÚN DA bien
- Obtén la máxima **A**tención de tu cliente.
- Mantén su interés **ÚN**icamente en tu presentación y en la charla.
- Aumenta su **D**eseo de posesión, consumo y compra.
- Eleva la **A**cción para el cierre.

Una presentación eficiente es aquella que involucra al cliente y capta todos sus sentidos. No tiene ojos, oídos, manos, nariz o paladar para nada más allá de lo que estás presentando. Seguro que el gran desafío para un vendedor es, no solo obtener la atención máxima, sino también mantener al interlocutor interesado en la conversación y, además de eso, aumentar su deseo de compra. Si todo sale bien en tu presentación, si le dejas con la boca hecha agua y los ojos saltones, la acción final de la compra, o el cierre, es solo una formalidad. Si el cliente contesta "aún no" cuando solicitas el cierre, vuelve para la fórmula *AÚN DA bien*, cambia tu presentación e intenta de nuevo, desde del inicio, atraer su atención.

¿Qué haces cuando estás cara a cara con el cliente? ¿Tu presentación tiene un valor diferencial? A menudo suelo llamar a ese momento "la hora del show". Brilla en el escenario, pero no brilles más que el cliente.

No necesitas competir con él para vender tu producto. Explora todos sus sentidos. Envuelve a los clientes y haz con que participen de la presentación. Abusa de recursos multimedia (CDs, DVDs, portables, entre otros) en tus ventas y promueve nuevas experiencias y percepciones agradables. Cuanto mayor sea la participación del cliente, mayor será su atención. Envuélvelos desde el inicio de la presentación. Cuando las personas participan activamente en las presentaciones, logras más atención e interés en el producto. Promueve una experiencia emocional positiva durante tu presentación.

A la gente le gusta probar las cosas, sentirlas, tocarlas, interactuar con ellas y, sobre todo, sentir la emoción de conocer algo nuevo.

Algunos vendedores me preguntan si deben o no hacer demostraciones del producto. Les diría que una presentación de un kit de alarmas que simula un sistema real ayuda a romper barreras, permite que el cliente opere y tenga contacto con el sistema, vea lo que va a ser instalado, se dé cuenta de algunas de sus prestaciones, como por ejemplo la facilidad de uso. En fin, muestra cómo funciona, de verdad, lo que está comprando.

Personalmente, creo que hacer demostraciones de productos es muy favorable, pero, ten cuidado. Pruébalos antes para asegurarse de que están funcionando y enseña a tus clientes la manera correcta de manejarlos.

En el caso de productos grandes, instalaciones complejas y prestación de servicios, puedes localizar un cliente a quien ya le hayas vendido, y llevar al cliente potencial para una visita de demostración. Acuérdate de coordinar la visita con antelación y avisar al supervisor o al gerente del lugar acerca de la visita. Y, por supuesto, chequea antes para que todo salga bien.

Ya he visto a muchos vendedores, gerentes y directores pasar una gran vergüenza cuando sus equipos instalados se quemaron o no funcionaron, justo a la hora del show. Aún peor, ya he visto clientes que estaban quejándose, en el momento de la demostración, de sus productos y servicios ante los potenciales compradores.

Otra manera de atraer la atención de alguien es contándole una historia de cómo has ayudado a otra persona en una situación semejante. A las personas les encanta oír historias similares a las suyas, saber cómo otros solucionaron los mismos problemas y cómo están ahora. Cuéntale, especialmente, historias que destaquen tu producto o servicio como solución.

Ten una colección de cartas de referencias de grandes clientes y, sobre todo, de empresas del mismo segmento del cliente al que desees alcanzar. Algunos piensan: "Si mi competidor, que es exigente y tacaño, ya compró ese producto, ¡quién soy yo para dudar!".

Está bien que les gusten las historias, pero hay muchos contadores de historias por ahí. Necesitas también probar lo que está diciendo. Todo vendedor dice que su producto es el mejor del mundo, por encima de cualquier falla. Yo ya estoy harto de escuchar que "este producto se usa en NASA, FBI, CIA, Mossad, Pentágono, Casa Blanca...". Hazlo distinto: si ya

tienes otras empresas del mismo segmento del cliente en cuestión, o si ya has vendido a varios otros vecinos suyos de la misma calle, reúnelos en un listado y muéstraselo a tu cliente durante la presentación. Ese listado puede ser la diferencia en un momento de indecisión del cliente.

¡Acuérdatelo! La venta es más emoción que razón.

La mejor manera de ganar una venta es ganar, primero, al cliente.

¡Simplemente, inolvidable!

Haz que la gente se acuerde de que has estado allí y marca positivamente tu visita. Al fin y al cabo, podrán llamarte de nuevo para una segunda visita, para realizar una nueva compra o, aún más importante, para recomendarte a sus amigos o colegas. A continuación, diez consejos para que tu nombre no salga más de la cabeza de tus clientes.

1. Empiézalo por el modo más fácil. No te olvides de tu cliente. No esperes que te llame a tomar un café. Pasa por su trabajo siempre que puedas. Es más fácil que se olvide de una persona que solo vio una vez en la vida. Si no logras una venta, lograrás un nuevo amigo.

2. Sé distinto de los demás. Sorprender positivamente al cliente potencial te transforma en cliente. No te parezcas a un vendedor común cuando estés presentando tu producto. Ve más allá de lo básico o lo que todos hacen.

3. Si logras hacerlo reír, tendrás más posibilidades de hacerlo comprar. Pero, ¡atención! No haz bromas a costa de otras personas o acerca de situaciones prejuiciosas. Utiliza tu propia experiencia personal como ejemplo. Eso también te ayudará a romper el hielo al principio de la conversación.

Sé bien humorado, vibrante y energiza tu venta con emociones positivas. Las conversaciones agradables y divertidas siempre generan buenos vínculos.

---

4. Realiza una atención personalizada. Ofrece una atención personalizada las 24 horas del día. Convierte al cliente en una persona especial e importante. Debes estar siempre disponible. Dale tu número de teléfono personal.

5. *Llama al cliente para saludarlo por su cumpleaños.* Una vez, el vendedor fue el único que se acordó del cumpleaños del cliente. Ni su esposa, hijos, compañeros de trabajo o secretaria se lo acordaron.

6. *Hazle homenajes (placas, trofeos y certificados) a tus clientes.* O dales un regalo personalizado de agradecimiento, adjunta una tarjeta con tu nombre. Sé que eso tiene un costo, pero ¿cuánto valdrán las ventas y las futuras recomendaciones? No lo encares como costos, sino como una inversión.

7. *Enséñale algo nuevo.* Envíale artículos acerca de algo de su interés, comparte algún conocimiento con él, pasa información que él considere importante. Tengo una columna quincenal en mi sitio en internet, donde publico diversos artículos sobre ventas, marketing y estrategia empresarial, puedes tomar algo de allí o de los sitios que leas regularmente.

8. *Preséntale a alguien que pueda ayudarle en el futuro.* Muéstrate como una persona que puede ayudarle, independientemente del cierre o no de la venta. La gente siente vibraciones distintas entre los que están trabajando solo para ganar la comisión y aquellos que están pensando, de verdad, en solucionar sus problemas.

9. *Sé persistente.* Debes estar confiado en lo que dices y lo que haces, pero no confundas confianza con arrogancia. Tampoco confundas persistencia con terquedad: la persistencia es la terquedad con un propósito inteligente.

10. *Ofrécele y entrégale más de lo que prometes.* Vende para ayudar y no para ganar comisiones. Nadie logrará ir más allá pensando solo en sí mismo. La gente no suele olvidar quién está siempre a su lado cuando lo necesitan. Sé alguien con quien el cliente pueda contar.

Acuérdate: no eres solo un vendedor más. Tu objetivo debe ser convertirte en el consultor de seguridad permanente de cada cliente.

Más importante que vender es ayudar y servir a las personas, pues hablarán bien de ti o, quizás, serán ellas mismas tus futuros clientes, en cualquier nuevo negocio o empleo que tengas. No quieras solo presentar el producto, tomar su firma en el contrato y salir corriendo para jamás volver. A la gente le gusta hacer negocios duraderos por medio de relaciones duraderas.

Solo sal del local del cliente tras haber contestado afirmativamente a la siguiente pregunta: ¿cómo se acordará de mí?

Síndrome del "vendedor camarero"

¿Cuántas veces has hecho una presentación impecable pero no has realizado la venta porque, en ese momento, el cliente no quería contratar tu servicio? Quizás tengas casos recientes como este. Pero, ¿cuántos de esos clientes cambiarán de idea y buscarán a tu competidor porque se han olvidado de tu nombre? ¿Cuántos buscarán tu empresa, pero comprarán de tu compañero? La mayoría de los vendedores descubrirán esto demasiado tarde. Lea a continuación la solicitud de un cliente:

—El otro día vino un vendedor aquí y me dejó una propuesta. Me gustó el producto y quiero comprar ahora. ¿Podría mandarme algún vendedor aquí?

—Quizás sea mejor mandarle a usted el mismo vendedor que le atendió anteriormente. ¿Podría decirme usted su nombre? —indaga la telefonista de la empresa.

—No me acuerdo bien de él. Era un chico simpático y educado, medio alto, medio bajo, ni gordo, ni delgado… No logro acordarme de su nombre. ¡Mándame a cualquiera! —decreta el cliente.

En ese caso, aunque el vendedor haya hecho una excelente presentación, haya dejado su tarjeta de visita, sellado los catálogos con su nombre y firmado al final de la propuesta, nada ha funcionado.

Simplemente, el cliente ha guardado tan bien la propuesta que acabó perdiéndola. No ha guardado ningún rasgo físico que pudiera describir del vendedor, ni se acordó de ninguna historia o hecho que pudiera identificarlo. Se trata del mal del "vendedor camarero": ha ido allí y ha hecho la cama para que otro duerma en ella. ¿Qué le faltó? Le faltó hacerse memorable.

Si no quieres correr el riesgo de perder mañana una venta para la que estás trabajando duro hoy, debes dar una buena razón para que se acuerden positivamente de ti. Nada más natural. ¿Te acordarías de todos los clientes que visitaste la semana pasada, o el mes pasado? Tus clientes también recibieron muchas visitas de vendedores en el mismo período. ¿Y cómo hacen los clientes para recomendar a alguien de quien no se acuerdan?

En primer lugar, no vayas al cliente pensando solo en la comisión de la venta. La mejor manera de ganar una venta es ganar, primero, al cliente. Nadie logrará obtener fans si actúa solo para sí mismo. No se construyen relaciones por medio de un contrato de papel. Más importante que el contrato es el contacto, la construcción de una relación duradera, en fin, la amistad que podrá brotar de esa relación. Los contratos se pierden en armarios, cajones y basureros. Las amistades acompañan al cliente a cualquier lugar adonde vaya, pues son guardados en su mente y en su corazón.

En segundo lugar, más importante que ser recordado por el cliente es "cómo" se acordarán de ti. Las relaciones duraderas se construyen sobre bases sólidas de confianza, credibilidad, ética y, sobre todo, el compromiso del vendedor de servir a su cliente. Los camareros ya han aprendido que "quien tiene fama se acuesta en la cama tendida". Por eso, no dejes una impresión negativa en las mentes de tus clientes.

En tercer lugar, sé creativo en su enfoque de ventas. Ten un estilo particular, distinto, innovador y vibrante. Encanta tu cliente desde el primer contacto, sorprendiéndolo con enfoques más creativos de ventas.

No tengas un diferencial: sé diferente. Muchas personas no logran identificar cuál es el caballo, el asno o la mula. Pero seguro que conocen una cebra en el momento en que la ven. Antes, durante, y después de cada visita o contacto, piénsalo: "¿de qué modo podría hacerme más memorable?".

En cuarto lugar, cada vendedor debe crear un fuerte vínculo con su cliente, algo de lo que pueda acordarse en el futuro. Siempre hay algún deporte, hobby, idea, actividad o gusto en común. Usa la mirada de 360 grados y busca consejos y pistas de lo que le gusta al cliente. Puede que les guste pescar, jugar a la pelota, hacer deportes radicales, cabalgar, ir a la misma iglesia, haber nacido en la misma calle, hinchar por el mismo equipo… No hay relaciones sin vínculos.

Tampoco debes olvidarlo después de la venta. Es común que uno deje de lado a las personas después de que ya no las necesita ("Ya ha firmado el pedido. No necesito visitarlo más"). Crecí al oír: "Hijo mío, crece y aparece". También he descubierto que aparece quien crece, y solo crece quien aparece. Así que no desaparezcas del radar.

Por fin, debes agregar más valores, soluciones, beneficios, ventajas personales y, sobre todo, generar más negocios para tu *cliente-fan-amigo* que cualquier otro vendedor. Jamás podría olvidarme de quien me recomendó a mis mayores clientes. Seguro que nunca olvidarías a alguien que te ha recomendado para tu actual empleo, cargo o función. Asimismo, el cliente no se olvidará de quien le ayudó a crecer.

Por lo tanto, trata de interesarse más por las personas y sus historias, construye vínculos, busca en qué puedes ayudarles y no las olvides. Haz más por ellos sin pedirles nada a cambio. Al fin de cuentas descubrirás que también estarán haciendo algo por ti. ¡Ah! Antes de que te olvides del nombre de un tipo que escribió un libro con algunos consejos sobre cómo vender seguridad con seguridad, me llamo Marcos Sousa, y estoy a tu disposición.

Capítulo 8

Tratar las objeciones

Sería muy fácil si todos los clientes vinieran hasta ti con la intención de comprar tus productos y servicios, sin hacer ninguna objeción. Sería un sueño que todos firmaran rápidamente el pedido, que cerraran la venta sin vacilaciones y llevaran tus productos sin ninguna dificultad. Sin embargo, la venta es un proceso de empatía, confianza, convencimiento y concordancia. Antes que productos o servicios, vendes ideas y promesas; te corresponde a ti, como analista profesional, hacer que el cliente esté de acuerdo con las ideas que estás presentando, y que diga "sí" a su solicitud de cierre de la venta. Si no tienen objeciones, ¡bien! ¡Felicitaciones! Pero si las tienen, debes estar preparado para entenderlas y enfrentarlas con confianza y tranquilidad.

Por qué hacen objeciones

El cliente espera hablar con un experto; por lo tanto, debes enfrentar todas las dudas, preguntas, negaciones o argumentos contrarios de tu cliente con total profesionalismo. Las objeciones forman parte del proceso de venta, del juego. Le toca al profesional abordarlas con tranquilidad, una a una, y lograr la venta. Imagina un partido de fútbol: ¿crees que los diez jugadores del equipo adversario se quedarán parados esperando que lleves la pelota hasta su arco? ¿Crees que el portero te dejará hacer el gol tan fácilmente? ¡Claro que no! Cada objeción es un jugador adversario. Necesitarás vencer varios argumentos contrarios para cerrar la venta y anotar un gol más.

¡Atención! Puede parecerte que los clientes están haciendo objeciones, cuando, en realidad, solo están haciendo preguntas de sondeo. ¿Cuál es exactamente la diferencia entre una pregunta y una objeción? La primera es una forma de aclarar una duda u obtener alguna información. La segunda suele ser una negación a lo que estamos presentando, y representa en ese momento una barrera a nuestra venta, un obstáculo al cierre. No encares las preguntas como objeciones: lo que te pone luego pesimista y resistente al cliente.

Un delantero que va a patear una falta hace que la pelota esquive la barrera para anotar el gol; de la misma manera, tú también debes superar las objeciones para lograr la venta. Dependiendo de dónde tomas la pelota, quizás no necesites vencer a todos los jugadores adversarios. Una recomendación de un cliente fan, por ejemplo, sería equivalente a patear un penal: solo tú y el portero. Todo depende de tu categoría. Pero, así como en el fútbol, unos parecen ver el arco mucho más pequeño de lo que es y acaba por perder esas ventas, incluso después de que hayan caído en su regazo.

Muchos vendedores temen las objeciones, pues las encaran como un rechazo personal, un rechazo directo. Sin embargo, en la mayoría de los casos, cuando se logra un perfecto acercamiento, eso tiene más que ver con la presentación, producto y empresa que con el individuo. Encara una objeción de modo positivo. Muchas veces los clientes solo están pensando: **"Todavía no me convenciste"**. O incluso: **"No confío plenamente en lo que me dices. Intenta de nuevo"**.

La mejor manera de evitar muchas objeciones es cultivar, desde temprano, empatía, confianza y credibilidad en la relación con los clientes.

En fin, una objeción significa un "no" **temporal**, que necesita más información, seguridad y confianza. Te toca a ti creer que ese "no" no es permanente. Como vendedor, ya debes saber que tu trabajo es convertir un "no" en un "sí". No hagas de esa objeción un "NO" mayúsculo, totalmente insuperable. Muchos logran presentar bien sus productos y servicios, pero pocos están preparados para superar las objeciones de los clientes y lograr el cierre.

Rompiendo piedras

Desde que naciste y lloraste por leche, has recibido varios "no". Creciste oyendo "no, no y ¡NO!" cuando quería dulces, juguetes, jugar al fútbol, salir a fiestas, ir a la cama más tarde… Pero no desististe de luchar y convencer a tus padres para lograr lo que querías. Ahora, en ventas, cada "no" convertido en sí es un bono más en tu sueldo de fin de mes, una compra en la feria para alimentar a sus hijos, el pago de su escuela o un viaje de vacaciones. ¿No crees que vale la pena insistir un poco más y seguir adelante, intentando un nuevo enfoque?

Te toca darte cuenta si la objeción trae consigo algo válido, si el argumento usado tiene lógica, si es razonable, o si está ocultando alguna indecisión del comprador, alguna reticencia frente a la compra (en general, los clientes prefieren omitir la verdadera razón). La resistencia frente a la compra puede ser:

Resistencia psicológica: Preferencia por fuentes o marcas establecidas, apatía, resistencia a los cambios e innovaciones, ideas preconcebidas, apego al dinero y miedo a equivocarse.

Resistencia lógica: Objeciones al precio, al plan de entrega, a las condiciones del servicio, a las características del producto o de la empresa. En algunos casos, tienen una relación muy cercana con otro proveedor.

Imagínate un iceberg; lo que dicen los clientes es solo la parte visible de este iceberg. La parte sumergida es la verdad que no quieren revelar y ese debe ser el objetivo de tu investigación. Te toca a ti descubrir cuáles son los verdaderos motivos y demostrarles que no hay razones para retrasar aún más la decisión. La naturaleza de buena parte de esos motivos es puramente emocional, aunque su discurso sea racional. Muchas ventas se pierden porque los vendedores no se fijan mucho en esa carga emocional invisible. Aún peor es el resultado para aquellos que adoptan un discurso puramente racional: no es fácil vencer la emoción con razón.

Nunca desistas fácilmente de lo que crees, de tus verdaderas convicciones. Quizás estés vendiendo seguridad a un cliente que será asaltado o robado la próxima semana. ¿Por qué no minimizar los riesgos de tu cliente e, incluso, evitarle un mal mayor? Le avisas del peligro, pero sigue arriesgando y creyendo que nunca le sucederá nada, ni a su familia o su empresa. Una mañana, recibes una llamada suya diciéndote que tu pronóstico se ha confirmado. No sé si alguna vez te ha pasado, pero algunos pueden llegar a preguntar si has sido tú quien mandó a los asaltantes para convencerlo y cerrar la venta. De cualquier modo, demuestra siempre convicción y conquista la confianza de tus clientes, especialmente, la de los obstinados e incrédulos.

¿Has visto a alguien rompiendo piedras? El obrero nunca sabe exactamente qué martillazo hará que el enorme bloque ceda y se agriete; nada más le queda que seguir martillando. Él nunca desiste porque sabe que puede estar a un martillazo de su objetivo final: romper la piedra gigante. Haz lo mismo: por importante o complicada que parezca una objeción, puedes romperla con el próximo martillazo, con el próximo argumento, en el próximo intento. Intenta un ángulo o posición distinta. Espera un mes, pero no desistas. Las piedras y los icebergs pueden ser fácilmente rotos y superados. Las grandes montañas se pueden romper con pequeños, pero sucesivos martillazos.

> **El objetivo es atravesar todas las objeciones para descubrir el punto exacto, el punto C de la compra de cada cliente.**

¿Qué significan las objeciones?

Como ya se ha dicho, los clientes hacen objeciones cuando no están preparados o dispuestos a decirte que sí. Aunque algunos pueden estar totalmente desinteresados en tu oferta, otros solo quieren ganar tiempo y

tomar la decisión más tarde. Muchos de ellos acaban por inventar algunas "mentiritas" para no alargar la conversación. Simplemente, todavía no están lo suficientemente seguros como para decidir. A ti te toca probar un poco más, investigar y descubrir las razones que le hacen retrasar la decisión de la compra. Si no haces ese trabajo, correrás el riesgo de ver cómo el cliente sigue esperando hasta que es visitado por un vendedor de la competencia, más paciente, atento y persistente.

Muchas veces dicen algo solo para deshacerse de ti. Me encantaría tener un dólar por cada mentira que dicen. Pero ten en cuenta que cuando quieren librarse de ti es porque no has ganado su confianza, no has podido demostrar todos los beneficios de tu producto o, incluso, no has hecho una buena presentación y el cliente en cuestión no valora tu producto o no puede pagar el precio que estás pidiendo.

Durante las visitas que he realizado con algunos alumnos y vendedores, tuve la oportunidad de estar cara cara con los clientes, oír sus preguntas y, claro, todo tipo de objeciones. He decidido destacar aquí las más comunes, a fin de explorar y entender un poco más el significado que se esconde cuando los clientes dicen:

"¡Es muy caro!"

Quizás esa sea la objeción más escuchada por quienes venden productos y servicios de seguridad. La gente normalmente dice eso cuando no saben cuánto se necesita para invertir en seguridad, pero también cuando tienen en manos una propuesta más barata de algún otro vendedor o empresa. Invariablemente, al cliente un producto o servicio le parece caro cuando no ve claramente sus beneficios, ventajas y valores; cuando no aprecia el valor diferencial de tu empresa en relación con los competidores. Quizás no hayas hecho que la balanza se incline a tu favor para oír la oración completa del valor: "¡Es caro, pero vale la pena!". Finalmente, siempre consumen algunos productos y servicios que no son los más baratos de la categoría. Veremos más adelante cómo tratar esta objeción en particular.

"Tengo que hablar con mi socio / esposa / director"

No logran decidir solos. Muchas personas deciden rápidamente, aunque nunca solas. El problema no está particularmente en tu oferta, sino en el hábito que el cliente tiene de rodearse de otras personas y dividir la responsabilidad por la inversión. Piensa: "Si algo sale mal, será solo mi responsabilidad". Por eso, prefiere no decidir. A ti te toca preguntarle: "Además de ti, ¿quién más participa en el proceso de decisión?" y pautar una segunda reunión con todas las personas indicadas. Mejora tu eficiencia hablando, al mismo tiempo, para todos los que realmente tiene poder de decisión o poder de veto. De toda maneras, siempre investiga si ese contacto está o no calificado para aprobar la compra. Si es posible, ten acceso a su jefe inmediato. Pregúntale: "¿Qué le parece si lo invitamos a la próxima reunión?".

Antes de despedirte, pregúntale a tu cliente si aprobaría tu propuesta si dependiera tan solo de él. Si dice que sí, estará asumiendo una opinión favorable para la próxima reunión. Siempre es importante tener a un aliado en la mesa.

"Nunca ha pasado nada en mi tienda o residencia"

El antiguo cuento de poner la cerradura después de que el ladrón haya entrado. Quizás forme parte de la cultura de tu ciudad, tu estado, tu país, o incluso de la cultura latina, no poner mucha atención a la seguridad hasta que suceda algo. Te toca a ti, como analista de seguridad, reunir estadísticas que muestren ocurrencias de asaltos en el mercado o barrio del cliente, identificar sus vulnerabilidades, mostrarle que prestas servicios a clientes como él pero que piensan distinto; en fin, convencerlo de que debe actuar preventivamente. Dile: "No quiero desearle ningún tipo de mal, pero usted debería actuar antes de que lo evitable ocurra, porque sus pérdidas serán más grandes que la inversión para prevenirlas. Quizás usted no tenga el ojo puesto en los asaltantes, pero quizás ellos sí tengan el ojo puesto en su inmueble en este preciso momento".

Puedes mostrarle a un cliente que tenga esta objeción cuántos carteles de empresas de seguridad ya existen en su calle. Después, pregúntale "¿Por qué el ladrón entraría en un inmueble que tiene alarma, si usted está al lado y no tiene sistema de seguridad?".

"Ya gastamos todo nuestro presupuesto"

Aunque la situación sea buena y no le falten clientes, él no tiene dinero, o tiene, pero tu oferta está por encima de lo que él considera justo pagar. Quizás no has llegado en el momento adecuado, es decir, cuando realmente tenía recursos disponibles. También puede pasar que no estés hablando con la persona exacta, la que puede decidir una liberación de más fondos o reasignación de recursos. Pregúntale: "¿Quién tendría autoridad para exceder el presupuesto? ¿Hay alguien de otra área que podría redistribuir el presupuesto de este año?". Quizás no estés ofreciéndole el producto o servicio exacto. Al fin de cuentas cuando el producto es ideal para la empresa y proporciona más ingresos o menos costos, cualquier director que tenga un mínimo de inteligencia puede conseguir los recursos.

La mejor manera de vencer esta objeción es demostrando que tu producto o servicio se paga por sí mismo. No existe beneficio más convincente que más dinero en el bolsillo a fin del mes. Muéstrale que los recursos vendrán del ahorro que tu producto promoverá.

"Los negocios están débiles en el momento"

En otras palabras, "Estoy sin fondos en el momento para comprar lo que sea". Algunos clientes pueden estar pasando por un momento difícil y sus recursos para la inversión en seguridad pueden resultar escasos. No insistas si este es el caso; vuelve unos dos meses después, porque la situación puede mejorar. Sin embargo, hay casos en los que no se puede despreciar la seguridad: ¿qué haría un taxista si su coche fuera asaltado sin tener ningún tipo de seguridad, dispositivo de rastreo o alarma vehicular? ¿Cómo haría para vivir? "Si está mal con él, ¡peor sin él!". Por otro lado, tal vez el cliente potencial no esté interesado en ser tu cliente, pero le encantaría que tú fueras su cliente o que lograras algunos para él. Bueno, ayúdale: compra sus productos, lleva amigos o colegas o haz propaganda de su empresa. En toda relación duradera, las partes se ayudan.

Puedes tener un canal de divulgación para tus clientes, como un club de relaciones, donde hacer publicidad de clientes para clientes. Pregúntate: "¿qué estoy haciendo por mis clientes?".

"Vuelva dentro de algunos días"

Está ocupado con cosas más importantes en este momento. Es posible que no hayas llegado en el momento adecuado. Sin embargo, necesitas descubrir si está diciendo eso solo para librarse de ti o si está realmente dispuesto a encontrarte de nuevo y discutir tu propuesta.

¿Cómo descubrirlo? Trata de programar el próximo encuentro y fíjate en su reacción. Si demuestra total desinterés, tendrás que empezar desde cero, cambiar el enfoque o calificarlo mejor. Importante: aparece después de unas semanas, o meses. Las personas que deciden pueden cambiar, las prioridades pueden cambiar, en fin, la situación puede cambiar. No dejes de apuntar en tu agenda una próxima visita.

Podrías volver con un precio, plazo o beneficios mejores. Quizás logres algo más atractivo o tengas más información y datos en tu próxima visita.

"Quiero pensarlo"

El precio todavía es un problema. Nadie dice eso si no cree que puede lograr un precio mejor. Están literalmente queriendo ganar tiempo con el fin de encontrar una oferta mejor, para no arrepentirse más tarde de una decisión precoz. A mucha gente le gusta agotar todas las posibilidades; a los indecisos les encanta esta frase. Te toca a ti darles más confianza y pruebas que motiven a tu cliente a tomar la decisión. Dales tiempo cuando notes que realmente necesitan tiempo para decidir. De nada vale presionar y forzar a un cliente que prefiere retrasar a tener que decidir algo de inmediato. Cuanto más tranquilo y consciente está de la compra, menores serán las posibilidades de que se arrepienta o desista.

Cuenta historias de éxito de otros clientes que obtuvieron muchos beneficios, ventajas y algún valor diferencial competitivo con tus productos y servicios. No vendas solo seguridad: vende, principalmente, lo que la seguridad puede proporcionar a cada cliente.

"Soy fiel a mi provedor"

No le gusta, o no confía, en tu producto, empresa o en ti. Literalmente, no has logrado convencerlo de que puedes ser mejor que su proveedor actual. ¡Atención! No estoy recomendando que asedies a los clientes de tus competidores. A menudo, grandes empresas (supermercados, mayoristas, transportistas, empresas de telefonía, entre otras) llaman a sus proveedores estables cuando abren nuevas sucursales, cuando podrían elegir alguna empresa local. La idea es convencerlos de que tienes competencia suficiente, que eres una referencia en tu ciudad y que mereces el mismo voto de confianza que ellos le dieron al otro proveedor. Seguro necesitarás hacer un trabajo de hormiga para ganar su confianza, proporcionándole pruebas y cartas de referencias; quizás puedas llevarlos directamente a la empresa de algún cliente para demostrarles tus servicios. Descubre lo que más aprecian en su proveedor actual y lo que les gustaría que hiciera. Seguramente, en ese momento también descubrirás algo que ya ofreces y ellos todavía no lo hacen. Luego, solicítale a la nueva sucursal en tu ciudad que pruebe tus servicios y que los compare con su actual proveedor.

Pídele a tu cliente que te de la misma oportunidad que le dio a su actual proveedor hace tiempo. Convéncelo de que tiene más para ganar que para perder.

"No se compra nada aquí, todo viene de la matriz"

Seguramente esté pensando: "No quiero apostar en nada que me traiga algún problema con la matriz". O, de verdad, todas las compras se deciden en la matriz. En la mayoría de los casos, se trata de una mentirita: quieren tan solo deshacerse de ti. Sé perspicaz e investiga si realmente se trata de algún procedimiento estándar de aquella sucursal. Quizás no tengas cómo llegar a la matriz, pero puedes investigar y averiguar cuándo el encargado de la matriz, que decide sobre el tema de seguridad, estará en la sucursal de tu zona. Quizás puedas coordinar una reunión, un encuentro o, mejor, un almuerzo con esa persona. Los gerentes de sucursales cuyas decisiones se concentran en la matriz acaban por acomodarse mucho y no buscan más trabajo que el que ya tienen. Se quedan en una posición cómoda y lo utilizan a su favor. Puede ser difícil convencerlo de que, al invertir en la solución que le propones, podrá realizar un excelente trabajo, llamar la atención de la dirección y obtener alguna promoción.

Si es posible, ve a la matriz y cierra el negocio. Si no lo haces, alguien lo hará en tu lugar. Toma el elevador al último piso (¿recuerdas?): ¿por qué hablar con los santos si puedes hablar con Dios?

Cómo tratar con las objeciones

Escucha atentamente la objeción. Los clientes suelen repetir algo cuando están realmente, inseguros o ansiosos; lo que más repite es lo que más desea o valora en un producto o servicio. En ese momento, muchos vendedores inexpertos están pensando en lo que van a decir a continuación y no le ponen mucha atención. Déjalos hablar a gusto y expresar sus dudas, inseguridades y temores acerca de tu producto o servicio. Haz como un médico que escucha atentamente todos los síntomas que está sintiendo su paciente antes de dar el diagnóstico. No vayas a abrir al paciente antes de saber, al menos, dónde siente dolor. Deja que tu cliente participe en el proceso de compra.

Calificar las objeciones

Sondea el terreno antes de prepararlo para el cierre. Investiga y descubre cuál es la objeción más importante que necesitas superar. Concentra tu atención en ella mientras contestas a las menos importantes. Pregúntale: "¿Hay algún otro motivo, además de ese, que le impida comprar ahora?", o "Si no fuera por (...), usted compraría mi servicio, ¿verdad?". O, incluso, "si yo fuera capaz de (...), ¿tomaría una decisión favorable?"

Tu respuesta a las objeciones no debe generar más objeciones. No des a tu cliente más razones para que no apruebe tu propuesta.

Silencio

Quedarse callado suaviza la objeción sin mostrar desinterés o falta de respeto al cliente. Cuando se trata de una objeción real y para la que no tienes argumentos para negarla, lo mejor que se debe hacer es callar rápidamente y presentar otro beneficio que esté a la altura. Por ejemplo, si el cliente dice: "No me gusta el color de sus vehículos", te toca a ti encontrar otro argumento que tenga un peso más fuerte.

No hace falta contestar a todas las objeciones en el momento. ¡Sé paciente! Pregúntale si lo que está diciendo es relevante en comparación con todos los demás beneficios, ventajas y valores agregados.

Respuestas breves

Una respuesta lógica, racional y breve destruye rápidamente una objeción vacía; hazlo sistemáticamente. Imaginemos que estás vendiendo un sistema de alarma y el cliente te dice que hay muchos empleados que entran en la tienda y, por lo tanto, no sería posible saber quién realmente operaría el panel. Rápidamente, recuérdale que tu panel tiene más de 30 códigos de usuario, justamente para esa identificación personal. También muéstrale que el sistema puede controlar el horario de apertura y cierre de la tienda.

Cuanto más simple, breve y precisa sea tu respuesta, mayor será su efecto, especialmente si abarca todas las dudas de tu cliente. No hay respuesta más fuerte que "Eso no es problema para nosotros. Podemos atenderlo".

Preguntas guiadas

Usa las respuestas que tu cliente ha dado a tus preguntas. Guíalo por un camino que le lleve al cierre. Haz que él mismo cierre la compra sin esfuerzos de dialéctica. No tendrá como negar algo con lo que acaba de ponerse de acuerdo. Por ejemplo: "¿Está usted de acuerdo con que   si ahorramos más de lo que estamos pidiendo en la propuesta, nuestro producto representará una inversión y no un costo? ¡Excelente! Ahora voy a mostrarle cómo puede ahorrar dinero y promover más beneficios para su empresa".

¡Atención! Las mejores preguntas guiadas son aquellas que te llevan al cierre. No pierdas tu tiempo haciendo preguntas sin sentido o que solo lo molesten.

Anticipar las objeciones

Hazlas antes de que él las haga. Algunas objeciones sencillas, para las que ya tengas respuesta o que ya te hayas encontrado en visitas anteriores, pueden ser usadas para evitar que se esfuerce en vano para pensar en alguna. Aunque no las necesite, muchos clientes solo cierran ventas después de que se señalen y superen algunas objeciones.

Cuando buscan sistemas de seguridad, muchos clientes prefieren comprarles a empresas ubicadas en el barrio, pues buscan agilidad en la atención. Muéstrales que puedes atenderles fácilmente.

Supervalorar las objeciones

Muchas veces puedes vencer alguna objeción delicada y salir directamente al cierre si elogias al cliente y elevas su ego al reconocer que la objeción que hizo es realmente algo muy válido, bien elaborado y pensado. Luego presenta tu respuesta: esta tendrá el mismo valor que le hayas dado a la objeción inicial. Por ejemplo: "Es usted la primera persona que ha pensado en ello en tantos años de mi profesión. De verdad, nadie había levantado ese punto. Muy inteligente de su parte. Ahora estoy en una situación difícil, pero creo que eso no será un problema que no podamos solucionar, pues...".

A la gente le gusta ser reconocida, valorada y elogiada. Particularmente, la gente a la que le gusta hacer muchas objeciones la mayoría de las veces solo quiere que le des atención.

Fórmula "Sí, (...). Pero (...)"

"Sí, sé que usted piensa que no necesita un sensor magnético en su puerta, pero tengo un dato que puede hacerle que cambie de opinión: la gran parte de los robos ocurren por las puertas delantera y del fondo". Como ya hemos dicho, hay una balanza de valor en la mente de los clientes. Para cada objeción (pesa) que se ponga en un plato, se deben poner las ventajas, los beneficios y los valores en el otro plato a fin de buscar, al menos, equilibrarlos. Si la balanza se inclina hacia el lado de las objeciones, pierdes la venta.

Hazle ver un riesgo que no haya pensado todavía. Sorpréndelo en la respuesta. Muchos vendedores se olvidan de que, además de tranquilidad, los productos de seguridad promueven control y continuidad del proceso.

Siempre trata de rematar la venta con beneficios

Cuando reviertes una objeción con beneficios superiores e innegables, ventajas competitivas y valores inmediatos, aceleras el proceso de venta y justificas la compra del producto. ¡Acuérdate! Necesitas equilibrar la balanza del valor. Cuanto más valor puedas agregar en ese pesaje, mayores serán tus posibilidades.

Ten a mano un beneficio nuevo e irresistible, y guárdalo para el momento final. Ese beneficio decidirá la venta.

A nadie le gusta ser contrariado en sus afirmaciones.

¿Y el precio?

Ya debes haber oído a alguien decir que desea un producto "Bueno, Bonito y Barato". Sinceramente, ¿crees que está equivocado al quererlo? ¡Por supuesto que no! Seguramente tú mismo ya hayas pedido eso como cliente en alguna tienda. El cliente quiere un producto o servicio que funcione, resuelva su problema, sea eficiente, sea garantizado, tenga durabilidad y ofrezca diversos beneficios; también que sea hermoso y que agregue valor a su vida. Y, obviamente, no quiere pagar mucho por eso. No significa que quiera siempre el más barato, sino que lo desea al menor costo posible, quiere pagar solo el precio justo. Te toca a ti probar que el costo (y no el precio) de tu producto es el más "barato", o mejor, el más competitivo del mercado. Tu "barato" no puede salir caro. Si lo es, el cliente perderá dinero, pero tú perderás al cliente y muchas oportunidades de negocio.

El precio inicial no lo es todo. Me acuerdo bien de que, al principio de mi carrera de consultor y ponente, cobraba entre siete a ocho veces menos que lo que cobro hoy, pero tenía diez veces menos clientes y mi agenda estaba siempre vacía. Suelo decir que los clientes miran solo el precio de la oferta cuando no hay otra cosa más interesante y valiosa a la vista. Si los clientes solo quisieran un precio bajo, ninguna empresa que vendiera productos y servicios más caros sobreviviría.

Hay varias empresas con más de cien años en el mercado que, curiosamente, no tienen el menor precio. Incluso, algunas son líderes en su segmento.

Cuando el comprador piensa mucho en el precio, es señal de que estás realizando una venta fría y presentando solo argumentos racionales. No estás logrando crear una relación emocional entre el producto   y el cliente. Como analista profesional de ventas, debes ganarle por la emoción y no solo por la razón. Lo vuelvo a decir: los clientes no ven precios cuando hay algo más valioso sobre la mesa. El papel de un vendedor profesional es precisamente construir una relación emocional y mostrarle algo que no tiene precio para él, algo mucho más grande que aquel montón de papel moneda que estás pidiendo.

Si la razón fuera suficiente para vender, bastaría con diseñar un sitio de ventas en internet. Cualquier computadora lo haría mejor que tú.

Hay otros costos asociados, a veces, más importantes que el precio inicial. Muchos clientes confunden precio con costo total, o miran solo el valor de lo que van a tener que pagar en el momento de la compra. Pero el precio es solo una parte del costo total del producto. A continuación veremos cuáles son estos costos adicionales.

Costos posteriores por falta de calidad
Nadie quiere comprar algo que no funciona, por más barato que sea.

¿Cuánto se gasta en recomprar equipos luego de constatar que la primera opción, más barata pero de calidad inferior, no funciona como prometido? En lugar de una solución, fue un dolor de cabeza. Pero no hace falta hablar mal de tu competidor para realizar más ventas. Solo basta con mostrar que otros empresarios y hogares decidieron comprar tu producto y contratar tu empresa, incluso conociendo los precios inferiores de la competencia: ¿a ellos les gusta quemar dinero? ¿O estarían tomando la decisión por la calidad, en lugar de solo por el precio? ¿No han intentado esa opción más barata alguna vez y se arrepintieron? Esto es clave cuando se vende seguridad para la familia. Dile: "Estamos hablando de la seguridad de sus hijos, seguramente, lo más valioso para usted en todo el mundo. Estoy viendo en esas fotos de allí que son muy bonitos y sanos. Al lado de ellos, cualquier diferencia de precio se vuelve pequeña".

El blindaje de vehículos también implica riesgo de vida. Pregúntale al cliente: "¿Se arriesgaría a saltar usted con el paracaídas más barato del mercado?".

Costos de recompra

¿Qué pasa con aquellos productos que duran menos que el otro que tenía un precio un poquito superior? Vida útil corta significa una nueva compra en un tiempo menor al esperado. ¿De qué vale comprar equipos más baratos pero que duran poco? Algunos equipos son más caros que otros porque duran más. Y duran más porque traen consigo más calidad, durabilidad, robustez y seguridad; de ahí su precio superior. Mientras los demás compran dos veces, tú estás tratando de vender solo una.

Posiciona tu producto en términos de rendimiento superior. Es obvio que el mejor producto sería el que garantiza los mejores resultados al precio más barato. Pero el producto que tiene el mejor precio no siempre es de la mejor calidad.

Costos operativos

Peor que no funcionar es obstaculizar o detener lo que está funcionando bien. Son varios los casos reportados de productos y servicios que perjudicaron la eficiencia de todo el proceso en el que estaban insertados, comprometiendo los ingresos y el margen de lucro de las empresas.

¿Cuánto tiempo se tardaría el acceso de más de mil empleados si el lector más barato tarda tres segundos para autenticar cada identidad? Exactamente tres mil segundos, es decir, quinientos minutos: más de 8 horas de producción perdida. ¡No vendas control de acceso! ¡Vende tiempo! ¿Cuánto tardarían los viajes de un transportista si los sistemas de rastreo y bloqueo de sus camiones generaran diversas alarmas falsas, interrumpieran frecuentemente la comunicación con la central y bloquearan inadvertidamente la ignición de los camiones en carreteras desiertas? No vendas rastreadores, vende mayor eficiencia operativa.

Cuando se trabaja con sistemas de control de acceso, CCTV, incendio y automatización, el cuidado con la eficiencia del proceso debe ser total, principalmente, en lugares con gran flujo de personas (hospitales, hoteles, centros comerciales, edificios empresariales).

Costos de instalación y asistencia técnica

Algunos equipos son más baratos que otros porque su fabricante gana en los servicios de instalación y asistencia técnica. Cada asistencia o pieza es casi la mitad del precio del equipo original. ¿De qué sirve ahorrar en el producto si luego hay que pagar varias veces más por piezas y servicios? Muéstrale que va a ahorrar a largo plazo: haz una planilla que muestre el ciclo de uso del producto y comprueba esa diferencia.

Hay muchos portones electrónicos baratos en el mercado, pero que se no funcionan del todo bien y necesitan repuestos o visitas de técnicos que costarán dinero. Haz esa cuenta con un portón más caro, pero que no dé dolores de cabeza.

Costos de tiempo

Hay muchos productos y servicios más baratos, pero que tardan una semana en ser producidos, otra semana más para la entrega y una más para que se los ponga a funcionar. Quizás tu puedas esperar, pero tus clientes no. Pregúntale a tu cliente: "¿La hora perdida en su producción no saldrá mayor que la diferencia inicial del precio? ¿Cuánto tiempo perderá usted antes, durante y después del uso del producto, o el consumo del servicio?". ¡Mientras las horas pasan, el taxímetro sube! Al fin y al cabo, alguien siempre paga la cuenta. Produce, ofrece y entrega soluciones más rápidas y eficientes que la competencia. ¡Y cobra más por eso!

Cuando los clientes deciden comprar seguridad, la quieren ¡para ayer! Tardan años en decidir, pero una vez que se deciden, no están dispuestos a esperar ni un minuto más.

Costos por problemas de entrenamiento

Algunos servicios son baratos, pero, en contrapartida, la falta de entrenamiento compromete la atención a los clientes de tus clientes. Muchas empresas ofrecen soluciones más baratas, porque las personas que prestan los servicios no han sido bien entrenadas, o porque te toca a ti ese costo adicional. Resultado: estás comprando más problemas, mientras piensas que estás pagando por una solución definitiva para viejos problemas. ¿Cuánto vale un vigilante mal entrenado, malhumorado y mal remunerado, tratando a todo el mundo de forma muy grosera en la entrada de su tienda?

No vendas solo personas que prestarán servicios. Vende personas altamente motivadas y capacitadas y que presten servicios de alto valor para los clientes de tus clientes. Vende personas que encantarán a otras personas. Por fin, vende personas entrenadas para encantar a los clientes.

Costos por problemas legales

Algunas empresas cobran menos por los servicios porque no pagan los impuestos, tasas y demás tributos fiscales y laborales. Algunas no cuentan con sellos de calidad o conformidad de los órganos reguladores. En una bella mañana de lunes, el empresario toma conocimiento de que hay un proceso laboral promovido contra su empresa por los empleados tercerizados, que no cobran sus sueldos desde hace meses. Al fin de cuentas, es corresponsable y solidario en esa deuda laboral.

No vendas más dolores de cabeza de lo que el cliente ya tiene. No te recomendará si tu empresa, tus productos o tú son fuentes de problemas; especialmente si involucra acciones en la justicia. ¡Provee soluciones en seguridad!

Espero que hayas comprendido todos los aspectos con relación a los costos y que ya no los confundas con el precio. Hay costos de instalación, de entrenamiento de personal, de operación diaria, de mantenimiento, de adecuación a las regulaciones gubernamentales y costos de actualización y depreciación relacionados con tu producto o servicio. Todo esto, sin hablar de los costos con tiempo perdido, comodidad, exposición al riesgo y recompra del producto.

Puedo, por ejemplo, vender un sistema completo de seguridad para una empresa por solo un dólar. Tardaré solo una semana para instalarlo, un mes para entrenar al personal, no podrán cambiar ningún mueble de lugar después de la instalación, tendrán que gastar 100 dólares cada mes por mantenimiento, solicitar una autorización en la Secretaría de Seguridad del

Estado y solo abrimos de las 08:00 a las 14:00 horas. ¡Disfrútalo, a solo un dólar! ¿Vamos a cerrar la venta?

¿Caro? ¡Ni tanto!

Y cuando dicen: "Su precio es demasiado alto" o "¡Está caro su precio!", ¿qué les contesto?

Si todas estas palabras y explicaciones sobre precios y costos no son suficientes para convencer a tu cliente, debes tratar de contestarle de forma más directa e inmediata. Como he dicho antes, nada como una respuesta rápida, simple, clara y objetiva para ganar su atención. Dales un trato preferencial, intenta tocarles en el corazón y ganarles por la emoción. A continuación, algunas respuestas a esta frase tan pequeña, pero implacable: "¡Es caro!".

- ¿Caro si lo comparamos con qué? ¿Por qué le parece caro?
- ¿Cuánto es demasiado para usted?
- Si logramos un modo de hacer que las condiciones de pago sean más accesibles, ¿podríamos dejar el precio como está?
- ¿Ha visto usted alguna empresa líder en calidad, eficiencia y rendimiento que tenga un precio más bajo?
- Lo entiendo, pero vamos a poner todos los costos sobre la mesa.
- Si miramos solo el precio, estamos pensando en el corto plazo. Los beneficios y ventajas superarán sus costos en el largo plazo.

- ¡El valor es algo que no tiene precio!

- Debo decirle que la mayoría de mis clientes no tienen en cuenta el precio a la hora de comprar. Compran el valor, la seguridad de la marca, las condiciones especiales, la financiación y el soporte técnico; porque saben que están pagando el precio justo.
- Usted está considerando centavos por día. Estamos hablando de valor para toda la vida.
- Prefiero cobrar todo ahora a tener que hacerle gastar más después.
- No importa cuánto cuesta, sino lo que este servicio produce en ventajas competitivas.

- ¡Imagínese! Esta inversión representa solo un segundo de lo que gana usted en esa tienda (de su hora trabajada).

- Es verdad, es caro. Sin embargo, tenemos el menor costo de adquisición del mercado.

- Este precio no es nada comparado con el futuro de su familia.
- El precio más bajo no siempre es el mejor precio.
- Pero ha sido por esa razón que le busqué. No todo el mundo puede pagar ese precio; nuestro producto está hecho para personas exclusivas como usted.

- En su opinión, ¿cuál sería un precio justo por todo lo que le he presentado hasta ahora?
- Si ahorra usted en la receta, compromete el sabor del pastel.
- ¿Cuánto vale su futuro? ¿Cuánto vale la continuidad de su negocio? Ya no estamos hablando del presente, sino de la protección de su futuro. Su presente inseguridad amenaza la seguridad de un futuro. Prefiero pagar más caro al principio a tener que seguir pagando constantemente.

La confianza de otra persona es algo difícil de conquistar, fácil de perder e imposible de recuperar.

"La seguridad no tiene precio"

Esta frase es muy conocida y propalada en el mercado de seguridad para convencer al cliente de comprar algún producto o contratar algún servicio de protección personal y patrimonial. Ya sea para evitar pérdidas o robos, o para minimizar los riesgos, todos los profesionales de seguridad intentan convencer a sus clientes de que la seguridad no es costo, sino una inversión importante y necesaria. Por otro lado, el cliente, vacilante, piensa: "¡Ah! Eso nunca me va a suceder" y acaba por no comprar o retrasar su decisión. Ese duelo de fuerzas, entre "La seguridad no tiene precio" y "Eso nunca me va a suceder", prosigue interminable hasta el momento en que ocurre algún tipo de siniestro o incidente, lo que despierta la real necesidad de seguridad. "¡Obvio! Todos ponen la cerradura una vez que el ladrón ya ha entrado".

La verdad es que el argumento de "La eguridad no tiene precio" nunca ha sido, ni será, más importante o más fuerte que la objeción "Eso nunca me va a suceder", porque esta percepción es una realidad para el cliente.

Mientras crea que nunca sufrirá ningún tipo de siniestro o pérdida, jamás se convencerá de lo contrario. Aunque los productos sean confiables, eficientes y se vendan por sí mismos, no es fácil sensibilizar a nuestro público objetivo. La mayor dificultad para vender productos y servicios de seguridad no es venderlos, sino convencer a los clientes de que necesitan comprarlos. A fin de cuentas, solo vendemos cuando nuestros clientes compran.

Se plantean, así, dos posibles estrategias para quienes venden seguridad: vender productos y servicios o hacer que los clientes adquieran seguridad. Aunque sea sutil, hay una importante diferencia que va mucho más allá de la semántica y tiene una importante influencia sobre el destino de la empresa. Muchas empresas que pierden ventas y espacio en el mercado reducen su precio, sacrificando su margen de ganancias y comprometiendo la calidad de sus servicios. Sus clientes quedan insatisfechos, dejan de comprar sus productos y servicios, y hacen propaganda negativa. Resultado: más ventas perdidas, pérdida en el espacio, reducción de precios… Por fin, la empresa cae en el ciclo vicioso y se hunde en el mar de las ilusiones. Entonces, ¿cuál es la mejor estrategia?

Una estrategia no puede ser victoriosa si no está enfocada en el cliente. Las empresas que se cierran alrededor de sus productos y servicios, y no buscan identificar qué quiere, desea o necesita el cliente, corren el riesgo de cerrar las puertas. El cliente es el ser todopoderoso que puede echar al dueño de la empresa y a sus empleados a la calle: basta con decir "no" a sus productos y su empresa estará cerrada. ¿Cuál es la empresa que sobrevive sin clientes? Resulta muy sensato tratarlo como el verdadero dueño del negocio y descubrir qué quiere. Es decir, descubrir dónde está su foco. Luego, basta con enfocar la empresa de la misma manera que el cliente.

Los vendedores que solo se preocupan por vender productos y servicios pueden estar vendiendo lo que los clientes no están comprando o, peor aún, lo que no quieren comprar. Aunque muchas personas no sepan lo que quieren, todos saben muy bien lo que no quieren. Descubrir lo que el cliente quiere, necesita, desea o busca es descubrir lo que valora y, sobre todo, lo que no valora. ¿De qué sirve vender vehículos carísimos y nuevos si lo que el cliente quiere es que se los entreguen rápido? ¿De qué sirve ofrecer un vigilante más fuerte que Schwarzenegger cuando lo que se necesita es un trato amable con los clientes? ¿De qué sirve tener el sistema de rastreo más moderno del mundo si no funciona cuando el cliente está en la granja o en la playa?

Quizás estés pensando "Pero, ¿qué valoran los clientes?". Desafortunadamente, no puedo decírtelo; pero tu cliente sí. ¿Cuándo ha sido la última vez que hiciste una encuesta de satisfacción cualitativa? ¿Cuándo ha sido la última vez que tomaste un café con tu cliente? ¿Cuentas con algún tipo de SAC (Servicio de Atención al Cliente) en la empresa? Por cierto, el SAC de muchas empresas es pesado. No sirve de nada que la máquina diga: "Su llamada es muy importante para nosotros" para luego dejarlo esperando en la línea por media hora. Si tu cliente es tan importante, ¿por qué no le atiendes el teléfono en el momento? No sabrás lo que valoran si no les preguntas o no estás dispuesto a oírlos.

En definitiva, el valor no viene de los productos o servicios que proporcionas, sino de lo que los consumidores creen que tus productos o servicios pueden hacer por ellos.

Establece un canal de informaciones sobre el ciclo de uso de sus productos y servicios. ¿Qué pasa después del momento en que el cliente se da cuenta de que necesita de tu producto, decide llamar a tu empresa, comprarlo y consumirlo? Descubre cómo consume tus productos, cuáles son los servicios que necesita, y qué problemas sigue teniendo, incluso después de comprar tu producto. Desafortunadamente, cuando el cliente viene, habla de la solución que quiere y no del problema que tiene.

Necesitamos estar seguros de que nuestros productos y servicios estén satisfaciendo sus necesidades y no estén generando otros problemas para el cliente.

Diseña una propuesta real de valor y comunícasela. El valor es todo lo que el cliente está dispuesto a seguir pagando. La ecuación del valor es muy simple: **Valor = Beneficios Costos**. Tener una propuesta de valor es ofrecer más beneficios y disminuir los costos con tu producto o servicio. Cuanto mayor sea esa oferta de beneficios y cuanto menor sean los costos, mayor será la percepción de valor que el cliente tendrá de tu empresa. Los clientes concluyen que están obteniendo valor cuando consideran que los beneficios que sacan de tus productos superan los costos pagados. El problema es que ese beneficio no siempre es percibido en nuestro segmento. Una vez, un cliente me dijo: "Gasto 50.000 dólares por año con seguridad y nunca he sido asaltado. Estoy tirando plata a la basura". El problema es cuánto perdería si el ladrón decidiera visitarlo.

¿Qué podemos hacer con respecto a los beneficios? Primero, necesitamos saber si los beneficios que tenemos son percibidos como tal por quien va a comprarlos. Luego, necesitamos tener el mayor número posible de beneficios valorados por los clientes y, por último, saber comunicárselos. No olvides hablar de los beneficios de tu empresa. Muéstrale al cliente no solo lo que gana al comprar de tu empresa tu producto o servicio, pero también lo que pierde si no compra. ¿Qué tienes para ofrecerle que sea mayor y mejor con relación a los demás? ¿Qué estás dispuesto a hacer por él?

No basta con ofrecer más beneficios; tienes que ofrecer más y mejores beneficios que la competencia. Quizás estés ofreciendo los mismos beneficios que todos le ofrecen.

No necesitamos reducir los precios para reducir los costos de nuestros clientes. ¿Qué es lo que tu cliente ahorrará con tu producto o servicio? ¿Cómo puedes hacer que su producción sea más eficiente y ágil? ¿De qué modo puede lograr una mayor rentabilidad para su negocio? ¿Por qué tu producto ayudará a su éxito? ¿Cuánto tiempo puedes ahorrarle? ¿Cuánto esfuerzo puedes reducir? ¿Qué problemas futuros le puedes evitar? Cuando encontramos respuestas a esas preguntas y las ponemos en nuestra propuesta de valor, estamos dejando de vender y haciendo que los clientes compren, porque estaremos hablando de algo que ellos quieren oír: más beneficios y menos costos, en fin, valor.

Por lo tanto, deja de repetir "La seguridad no tiene precio", como todos tus competidores lo hacen. Piensa en tu oferta de valor, construye valor y di: "¡Mi oferta de valor no tiene precio!". Piensa en beneficios, aumenta los beneficios y habla de beneficios. Corta no solo tus costos, sino también los de tus clientes y ofréceles soluciones más económicas y eficientes. Ofréceles siempre **más por menos.** Si el cliente no percibe ese valor, empieza todo de nuevo. Cuando diga: "¡Ah! Eso nunca me va a suceder", dile cuánto ya está perdiendo o dejando de conquistar por no darse cuenta de la importancia de una inversión en seguridad. Y dile que su competencia, seguramente, ya está pensando al respecto. En poco tiempo estaremos cambiando la actitud y poniendo las cerraduras antes de que el ladrón haya roto la puerta.

Capítulo 9

El cierre

Ya has aprendido a oír las objeciones, entenderlas y reaccionar a las más comunes. Ya sabes que cada objeción es un adversario invisible que debe ser superado antes de lograr la confirmación del pedido. El cierre ideal de toda presentación de ventas es la firma del contrato, el "sí" como respuesta, la confirmación final que se busca en todo proceso de ventas. Le pasas la pluma al cliente para que firme el pedido, él mira la propuesta, asiente con la cabeza y, finalmente, te pregunta: "¿dónde firmo?". Luego, le estrechas la mano y vuelves a tu empresa, con la maravillosa sensación de haber cerrado una venta más, de haber ayudado a otro cliente y de haber hecho un nuevo amigo.

Está bien que seas profesional al tratar las objeciones y contestarlas todas prontamente, pero llega un momento en que tienes que parar de tocar la pelota a los lados y avanzar decididamente hacia el gol. Llega un momento en que debes patear la pelota a las redes, cerrar la venta y festejar con la hinchada. Para ello, necesitarás algo más grande que conocimiento, habilidad y aliento. Necesitarás una motivación muy fuerte para persistir hasta el fin y vencer ese juego; una motivación que te permita superar los obstáculos y las dificultades que surgirán por el camino.

Motivo + acción

¿Qué pasaría si el Sol no se levantara más para iluminar el nuevo día? Cuando salgo con los vendedores, pienso que nuestro astro irradia energía más para unos que para otros. Algunos parecen hasta cargar un sol dentro de sí dondequiera que estén, mientras que otros están en una completa oscuridad, totalmente apagados. Podríamos hacer una analogía con nuestra motivación para vender: ¿tienes un sol o una vela dentro de ti cuando estás vendiendo? Cuando no hay más motivación para superar los desafíos e implementar cambios, no hay más vibración, no hay más vida.

La motivación es todo aquello que impulsa a alguien a sentir, pensar o actuar de una determinada manera, ya sea positiva o negativa. La motivación provoca un impulso o propensión a un comportamiento específico; es el motivo detrás de toda la acción (motivo + acción). El cliente potencial necesita un motivo para la acción de compra. El vendedor necesita un motivo para salir de casa cada mañana. Las motivaciones influencian directamente tus emociones; provocan y determinan, por medio de impulsos, la orientación general de tu comportamiento, ya sea positivo o negativo. Quien ya ha tenido, o tiene, algún vicio (por ejemplo, fumar, beber o comer excesivamente) ya se ha sentido, o se siente, un esclavo de su propio deseo.

Imagínate que este texto tratara sobre una sabrosa tarta alemana, cubierta con bastante chocolate, bien helada y cremosa. O sobre tu helado favorito, con la cobertura que más te gusta. Digamos que sugiriéramos que es un momento perfecto para hacer una pausa en la lectura y probar esa tarta o helado. Si piensas mucho al respecto, puede incluso que se te haga agua en la boca y que desarrolles una fuerte tentación de comer esa tarta, helado o cualquier otro postre favorito. Bueno, he provocado un pequeño desequilibrio en tu mente: tu deseo por seguir leyendo este libro. Quizás continúes leyendo y pases el resto del día sin pensar más en dulces. Quizás otros interrumpan la lectura inmediatamente para satisfacer ese deseo repentino. Un tercer grupo será capaz de quedarse todo el día, o toda la semana, pensando en comprar una tarta alemana. Sin hablar de aquellos a quienes no les gusta lo dulce.

Cada uno tendrá motivos y, consecuentemente, acciones distintas

Un principio de la autorregulación plantea que solo interrumpimos alguna acción si ella ha satisfecho plenamente nuestra necesidad. El concepto de *homeostasis*, propuesto por el fisiólogo Walter Cannon (1871-1945) en 1932, explica tal principio: "Surge una necesidad que introduce incomodidad en el equilibrio del organismo, que a su vez conduce a la acción, para recuperar nuevamente tu homeostasis (estado de equilibrio)". Ese desequilibrio provoca una tensión orgánica que pasa a dominar tus sentimientos, pensamientos y músculos. Un impulso creciente, muchas veces incontrolable y esclavizante, dirige al individuo hacia un objetivo en busca de resolver la tensión generada.

Puedes dirigir ese impulso a una botella de whisky o a ganar un dinero extra. En cada momento dado, la acción más importante será la que saciará tus necesidades más inmediatamente. Toda tu atención estará dirigida a la acción que satisfará tu deseo. Así que, ¿por qué no canalizar todo ese proceso hacia algo más constructivo? ¿Por qué no canalizar todos tus deseos, impulsos y motivaciones para vender más y hacer más amigos?

En cualquier caso, si no hay una fuerte motivación, no habrá una acción definitiva. Si el individuo no está motivado para actuar, tampoco le importarán el resultado y las consecuencias de sus actos. Quizás por esa razón haya tantos vendedores que no se esfuerzan por mejorar tus resultados de ventas. En las relaciones, en la escuela, en el trabajo, en el deporte, en el arte, en fin, en cualquier actividad de la vida, siempre hay que estar motivado para cada acción. El motivo genera la acción verdadera.

La motivación para alcanzar las metas tiene que ser del individuo, y no del gerente, director o propietario de la empresa. Quizás, el que no lo logra es porque no lo desea ardientemente, o sea, no tiene un motivo propio para ser vendedor. Su motivación, en realidad, es de los demás (su marido o esposa, novio o novia, padre o madre, amigo o amiga), pero nunca suya. Es raro que se despierte motivado para levantarse de la cama, salir a la calle y tratar con los clientes de igual a igual.

Ahora entendemos por qué, en una misma empresa, habrá un grupo que logrará alcanzar sus metas, y otro que no lo logrará. Motivos distintos, distintos resultados. Quizás sea esa, una vez más, la gran diferencia entre los que "son" y los que "se hacen" vendedores.

Otra cuestión acerca de la motivación es: ¿quién motiva a quién? La verdad es que ningún individuo puede motivar a otro por mucho tiempo. Cada uno debe buscar su propio motivo. Lo que es motivación para uno (la tarta alemana... lo siento, ¿ya la habías olvidado?), no lo será, necesariamente, para otro. Lo que hoy puede ser motivación para mí (aumento del sueldo, premio de mejor vendedor, promoción), mañana puede no serlo. La motivación es intrínseca, está dentro de cada uno de nosotros. La misma motivación que nos hace esclavo de nuestros deseos puede, también, ser usada para impulsarnos y hacernos amos de nuestros deseos.

Los motivos son los impulsores de la acción. Y cuando se trata de impulso, el cielo es el límite cuando estamos automotivados.

Automotivación significa, brevemente, el acto de dar a sí mismo una razón o motivo para algo. No puedes motivar a una persona en el trabajo, por ejemplo, si no está haciendo lo que le gusta. Aquí cabe una pregunta importante que puede justificar la falta de motivación en tu vida, en tu casa, y principalmente, en tu trabajo: ¿te gusta lo que haces? Si respondes que no: ¿crees en lo que haces? ¿Das algún sentido a lo que haces?

Podemos no hacer lo que nos gusta, pero, como mínimo, debemos disfrutar alguno de sus aspectos o creer en el propósito de nuestro trabajo. Somos responsables de nuestros actos. Si no logramos más felicidad en lo que hacemos, la salida es cambiar de puesto, función o empresa. Piensa en tu trabajo y en lo que realmente te gusta hacer. Si no coinciden en nada, intenta buscar, gradualmente, lo que te gusta hacer.

De lo contrario, tu futuro y el de tu trabajo estarán comprometidos. Tu felicidad estará distante y la realización no golpeará nunca a tu puerta. ¿Qué es lo que realmente te gusta hacer? ¿Por qué no lo haces?

Automotivación es, por lo tanto, descubrir los motivos propios que pueden conducir a uno a los resultados. Debemos buscar nuestros verdaderos motivos para, luego, realizarlos. Los demás no pueden motivarte. Lo máximo que lograrán es animarte, estimularte o inspirarte. Al distanciarse, es muy fácil volver a donde estabas y desalentarse de nuevo. Somos como resortes que vuelven al estado normal en el momento en que se retira la fuerza externa. Por lo tanto, el motivo del fracaso puede ser, exactamente, la falta de un buen motivo.

No hay venta perdida. Se gana o se empata.

¡El momento del gol!

El cierre es un momento decisorio; por eso, no debes dejar que tu cliente decida cuándo hacerlo. Puedes haber contestado a todas las objeciones planteadas, haber atendido a todas las exigencias, pero él sigue diciéndote: "Voy a pensarlo". Generalmente, deciden no decidir, sobre todo cuando el asunto en cuestión es seguridad. Como ya se ha dicho, la mayoría de los latinos recién toma medidas de seguridad después de que haya sufrido un robo. La percepción de riesgo está basada tanto en la probabilidad de ocurrencia como en los efectos de un posible siniestro. Algunos creen que nunca serán asaltados, robados o sufrir cualquier incidente (consideran que la probabilidad es muy baja o nula), y otros no ven los efectos devastadores que puede tener en sus negocios y en su vida (creen que los efectos no justifican la inversión). Incluso, hay quienes pertenecen a ambos grupos de riesgo. Conozco a algunos que incluso después de haber sido asaltados y sufridos pérdidas considerables, todavía insisten en no invertir en la prevención.

Toma las riendas y la iniciativa para pedir el cierre. No esperes que tu cliente, ni tu competidor lo hagan por ti. Cuando sientas la posibilidad, parte para el remate final. No tengas vergüenza: hay varios vendedores desinhibidos que no tendrán problema en conquistar a tu cliente. En ese momento, de nada sirve quejarse, llorar o culpar al jefe, el mercado, los competidores, los gobernantes, el tiempo, la numerología o los astros.

En la práctica, las estadísticas demuestran que los vendedores solo solicitan el cierre del pedido de compra de manera eficaz en el 50 % de los casos. Hemos dicho anteriormente que vencer las objeciones era como vencer a los jugadores de un equipo adversario, en un partido de fútbol. Llegar al fin de la venta y no cerrarla es como driblar a todo el equipo adversario, estar frente a frente con el portero y tener vergüenza de hacer el gol. En el fútbol, si no se hace el gol, no se gana. En caso de las ventas, si no se hace el pedido, no se vende.

Quizás estés pensando: "¿cuándo debo cerrar la venta?" La respuesta es: ¡Siempre! Principalmente, después de cada objeción vencida. No necesitas esperar la próxima. Solicita el pedido de compra al cliente. No necesitas driblar a todo el equipo adversario para hacer un gol. Puedes patear fuera del área o hacer gol olímpico. Hasta los arqueros han hecho goles de saque de meta. Es decir, ni esperaron la primera objeción y ya cerraron la venta. Esos arqueros, o campeones en ventas, poseen mucha categoría y usan argumentos certeros e incontestables.

La autoconfianza siempre es imprescindible. Si no estás haciendo o vendiendo nada malo, si crees en el producto que estás vendiendo, en la empresa y en ti mismo, no hay razón para no pedir el cierre de la venta. El cliente comprará si crees que va a comprar, y si vendes con el alma, con el corazón y con mucha convicción. Si lo has hecho todo correctamente desde el principio, ¿por qué no pedirle el cierre?

Lo importante no son los clientes que pierdes, sino aquellos a quienes conquistas y mantienes.

¿Cómo pedir el cierre?

Una técnica muy utilizada por los analistas profesionales de ventas es empezar a cerrar la venta desde el inicio de la presentación del producto o servicio, con argumentos convincentes para que la conclusión ocurra con naturalidad en el momento final. Pero lo principal, independientemente de qué técnica decidas usar, es jamás dejar de demostrar total entusiasmo al momento de pedir el cierre.

¿Cómo se puede evaluar si debes o no pedir el cierre? La mejor manera es prepararlo al principio, en la fase de planificación de la visita. Luego, lograr una primera buena impresión, realizar una presentación impecable y, por último, escuchar atentamente y contestar cada objeción del cliente.

Si inviertes atención y dedicación en el "antes" de la venta, y mantienes un alto rendimiento en el "durante", mayor será la probabilidad de cerrar la venta con llave de oro y garantizar un "después".

Te recomiendo que, tras descubrir las necesidades, los deseos y, principalmente, los valores del cliente, realices varias preguntas guiadas con las que sea muy difícil no estar de acuerdo. De ese modo, de "sí" en "sí", puedes ir construyendo un puente que te llevará hasta el cierre. ¿Por qué diría un "no", después de haber dicho tantos "sí"? Condúcelo suavemente hasta el consentimiento final a través de pequeñas pero seguidas confirmaciones y concordancias, tales como:

- ¿Está usted de acuerdo con que sus hijos son su mayor patrimonio?
- ¿Está usted de acuerdo con que si robaran esas mercancías, se quedaría sin productos para vender? ¿Dónde comprarían sus clientes?
- ¿Cuál de los sistemas que le mostré le llamó más la atención?
- ¿Le gustaría saber todo lo que está sucediendo en las sucursales?

• ¿Si no fuera por (...) podríamos cerrar la compra ahora?
• Creo que no viajaría tranquilo sabiendo que la vida de su familia podría correr peligro, ¿verdad?

Después, puedes descubrir en qué estado está tu cliente, al realizar preguntas de sondeo como estas durante tu enfoque:

   • ¿Prefiere usted la recolección el viernes o sábado?
   • ¿Qué le parece si lo instalamos mañana?
   • ¿Hay alguna duda que pueda aclarar?
   • ¿Instalamos el equipo de tamaño estándar o menor?
   • ¿Qué color prefiere?
   • ¿Qué forma de pago prefiere?
   • ¿No sería mejor realizar el cambio de los equipos por la noche?

Si logras respuestas que demuestren alguna inclinación del cliente hacia la compra, por menor que sea, avanza y solicita el cierre. No dudes en pedirlo. Como siempre digo, el "no" lo tendrás de todos modos si vuelves a casa sin intentarlo. Destaco aquí algunas técnicas de cierre:

Cierre natural

Rellena el formulario o contrato a medida en que habla de la propuesta y recolecta los datos del cliente. Dile que el formulario es solo para que no pierdas tu tiempo dando toda la información de nuevo. Dile que este historial también te servirá para que lo registres y le envíes futuras innovaciones, productos y soluciones. Al fin y al cabo, siempre es bueno estar actualizado. En el primer momento que te sientes confiado, pídele al cliente que firme la propuesta. Por fin, ya está casi todo lleno. Simple y práctico.

Tras hacer una pregunta de cierre, ¡cállate! Una vez que se cierra la venta, no vuelvas a hablar de tu producto para evitar una nueva objeción gratuita. Habla sobre los hijos, mascotas, actualidad, en fin, cualquier otro tema.

Cierre por inducción

Haz una afirmación fuerte e innegable y luego menciona la que consideras la solución ideal. Si has hecho un sondeo completo de los mayores problemas, ansiedades y deseos del cliente, podrás lanzar una argumentación emocional impecable y alcanzar el cierre de la compra. Recuerda que el objetivo no es manipularlo, sino ayudarle a comprar.

Resumen de beneficios

Al terminar de la presentación de ventas, vuelve atrás y resume todo lo que se ha dicho, repasando todas las objeciones resueltas, destacando todos los beneficios y valores que estarías agregando al negocio del cliente, e incluso de qué manera disminuiría el riesgo de una invasión   o robo a la residencia. Tras la recapitulación de todo lo que el cliente obtendrá más allá, por supuesto, de la seguridad y tranquilidad, pídele inmediatamente el cierre.

Guarda una buena concesión para el final. Ofrécele un servicio extra o adicional, un gran beneficio o ventaja imperdible cuando solicite el cierre. Por ejemplo: "Podemos hacer la instalación antes de su viaje de vacaciones. ¡Ya sale tranquilo!".

Historia semejante

Cuéntale una historia. Comparte con él una experiencia semejan te que haya sucedido con otro cliente, de preferencia, con un competidor directo. Habla acerca de los problemas que tenía y de qué escenario encontraste cuando fuiste llamado a hacer una evaluación de riesgos. Luego, preséntale la solución desarrollada por tu empresa, las ganancias, el ahorro y todos los beneficios que le propiciaste al otro cliente. Utiliza la rivalidad entre competidores, o vecinos, a tu favor. Muchos no quieren quedarse atrás con relación a sus mayores rivales. Pero no cometas el error de elogiar a su competidor o ponerlo en una posición superior.

Negación de la venta

¿Por qué no esperar que el cliente venga hasta ti? El secreto es desafiarlo a llevarse el producto, si el comprador muestra interés. Valorar tu producto más que el cliente. Esta técnica es ideal para poner tu producto en términos de status y exclusividad. "¡Seguridad es para quien puede! Y no para quien la quiere". Hay muchos compradores que solo valoran y corren detrás de lo que parece estar fuera de su alcance. La idea es justamente distanciar tu producto para que pueda demostrar que es capaz de adquirirlo. Algo como decirle: "Debes estar calificado para tener mi producto".

¡Atención! No uses nunca la técnica de la Negación de la venta para subestimar o discriminar al cliente. Ni siquiera cuando tu producto o servicio no sea percibido como algo valioso.

Balance de pros y contras

Toma una hoja de papel en blanco y pasa una línea vertical en el centro, de arriba abajo. Después, pídale al cliente que ponga en la columna izquierda todas sus objeciones que le impiden comprar ahora (incluidas las objeciones sobre ti). Luego, completa la columna de la derecha con todas las ventajas, beneficios, servicios y valores agregados a tu producto. Lo ideal es llenar esa columna de la derecha con al menos diez tópicos, de modo convencido, rápido e innegable. Basta pasarle el papel de nuevo y decirle: "Quédeselo e intente empatar el juego. Todo está ahí en el papel". De esa forma, tu argumentación será incuestionable. Si se arriesga y opta por un producto más barato y algo va mal, va a arrepentirse y pensar: "¡Ah! Si le hubiera comprado a aquel tipo que llenó toda aquella columna". Nunca he encontrado a un cliente que no haya recordado esa hoja.

Cierre inmediato

Muéstrale lo que ganará comprando en ese momento. Muchos clientes necesitan alguna ventaja irrenunciable para decidirse por la compra inmediata. Si no, muéstrale lo que perderá si no compra; algunos solo reaccionan cuando se dan cuenta de que perderán algo valioso. ¿Por qué las personas terminan comprando electrodomésticos cuando no los necesitan? Simplemente, porque no pueden perderse la oferta. ¡No pueden esperar! El poder de la oferta limitada puede ser una herramienta de seducción muy importante para cerrar una venta.

La muestra gratis

Permite que el cliente haga una experiencia por algún tiempo con el producto o servicio. Siempre es difícil separarse de algo que nos gusta o estamos disfrutando. Sabrás cómo se siente cuando llegues para recoger el producto o cancelar el servicio. Este es el momento: ¡aprovecha la ocasión! Muchos dicen que sus productos o servicios son los mejores del mundo, pero pocos están dispuestos a ofrecer una prueba totalmente gratuita al cliente para demostrar lo que están diciendo. El cliente necesita tocar, probar, llevar a casa y usar tu producto. El desafío es encantarle, hasta el punto de que no te permita sacar tu producto de la pared de la casa o de la empresa.

Por supuesto que no todos los productos y servicios de seguridad se pueden ofrecer como muestra gratuita, ya que implica un alto costo. Te toca a ti innovar y explorar tu imaginación.

Reducción al ridículo

Dile a tu cliente que está haciendo cálculos de centavos por día cuando tu producto o servicio puede rendirle mucho más a largo plazo y, principalmente, generar nuevos negocios para él. Dile que el producto que él está queriendo es tan barato, que cuesta menos que el pan.

Demuéstrale que no se está dando cuenta de que la inversión que va a realizar cada mes es tan baja, casi ridícula, comparado a lo que él factura.

¡Pero, atención! Sé bien humorado y hazlo de forma suave, sin agredirlo.

Nunca tengas miedo de pedir una vez más el cierre de la venta después de haber recibido alguna negativa. A menudo, el cliente solo está probando tu persistencia y a ver hasta dónde puedes llegar. Sé persistente sin ser molesto o inconveniente.

¿Cómo está mi entusiasmo?

El *entusiasmo* (del latín, *enthusiasmu*) es la excitación del alma, un estado de espíritu que inspira y estimula al individuo a actuar con el propósito de cumplir una determinada tarea. Es el arrebatamiento, el ardor, la pasión viva del individuo. Como la confianza, el entusiasmo también es contagioso, impulsivo, persuasivo y vibrante. Es la exaltación creadora, el combustible eterno que tenemos para en nuestras vidas si aprendemos a controlar nuestros sentimientos y pensamientos.

El entusiasmo nos da fuerzas para realizar el doble de trabajo que normalmente haríamos y, además, vencer obstáculos aparentemente insuperables. Podemos acelerar los cambios y transformaciones en nuestras vidas si estamos entusiasmados. ¿Cómo anda tu entusiasmo? ¿Quieres saberlo? Descubre quién es más fuerte: ¿tu motivación o los diversos "no" que escuchas día a día?

Aunque estés fracasando en algunas ventas, nunca debes considerarte un fracasado. El fracaso está en la acción, no en la persona. Sin entusiasmo somos como baterías eléctricas sin electricidad. No dependemos de nadie para tener objetivos y entusiasmo. Nadie puede impedirnos de tener una meta y perseguirla. ¡Ni su jefe pesado! El entusiasmo hace que la vida sea tan dulce y sabrosa como una torta alemana... Lo siento una vez más. No quería recordarlo.

El individuo suele culpar al ambiente y a las personas por su falta de entusiasmo e infelicidad: este es un error grave. Como siempre funcionamos con un estado de espíritu, tenemos que trabajarlo, diariamente, hasta llegar a ser una persona totalmente entusiasta. Quizás no sea posible que alguien esté cien por ciento entusiasmado, todo el tiempo. Sin embargo, te corresponde a ti buscar el mayor porcentaje posible de entusiasmo para hacer tu vida más vibrante, exaltada y apasionante, principalmente al amanecer.

Cada nuevo día as definitivamente nuevo, si así quieres que sea.

El entusiasmo trae consigo la felicidad y la convicción en la realización de tu objetivo. Basta la esperanza de una realización futura para que ya te sientas entusiasta. ¿Cuántas veces nos ponemos felices solo con pensar en el viaje que haremos al final del año? O, aún, en la casa que vamos a comprar, en el hijo que va a nacer, en el coche nuevo que vamos a tener.

El entusiasmo atrae sentimientos positivos que energizan nuestro espíritu con optimismo, fe y esperanza en una realización futura. Es el optimismo materializado en la vida real. Quien piensa con entusiasmo, siente, habla y actúa de esa manera. Esto atrae más entusiasmo, sea de sí mismo o de los demás. Algo como una reacción atómica en cadena, que inicia a partir de una pequeña cantidad de uranio enriquecido. El entusiasmo es el uranio enriquecido que provocará una explosión de felicidad y optimismo por donde vayas.

Ejercitamos nuestro entusiasmo a través de la sugerencia, principio por medio del cual nuestras palabras, nuestros actos e incluso nuestro estado de ánimo influencian a las otras personas. Cuando nuestra mente vibra en alta intensidad con el estímulo del entusiasmo, esa vibración se irradia a las mentes a nuestro alrededor.

Puedo recordarte, por ejemplo, qué sucede con un maestro que dirige una orquesta sinfónica. Cuando todas las vibraciones de las mentes y espíritus están en armonía (*rapport*), el maestro y su orquesta logran su mejor desempeño.

El maestro sabe que una flauta tocada sin entusiasmo puede comprometer toda su sinfonía. Su trabajo principal es transmitir, a través de gestos, el máximo de entusiasmo posible a cada uno de los músicos presentes. Lo mismo pasa entre el médico y el paciente, el maestro y el alumno, el sacerdote y los fieles y, principalmente, el vendedor y el cliente.

La sugestión tiene como base lo que decimos, sentimos, pensamos y hacemos. Cuando una persona está entusiasmada con el discurso que pronuncia (un trabajo asistencial en una comunidad carente, una idea nueva y genial o algo que está vendiendo), su estado de espíritu se eleva y su exaltación se manifiesta en lo que hace. Todos perciben, observan y admiran su realización. Más importante que el mensaje es el tono con que se lo pronuncia, ya que ese tono carga con el poder de la convicción. También puedes sentir entusiasmo cuando vives en un ambiente con personas entusiasmadas y optimistas, cuando alcanzas tus metas o algún éxito financiero y, sobre todo, cuando reconoces, aceptas lo que tienes y trabajas para ser feliz.

¡Créeme! ¿Quieres saber si tengo entusiasmo por lo que hago? Mis artículos, charlas y entrenamientos muestran un poco de mi entusiasmo. Los mensajes contenidos en este libro también son fruto de mi entusiasmo. Sin él, no lo habría escrito. Mira algunas de mis conferencias y sabrás cuánto entusiasmo llevo dentro de mí cuando estoy vendiendo mis ideas. Ilumina tus grandes ideas, sal de la oscuridad y no te faltarán clientes.

Las preguntas que no quieren callarse

En este preciso momento, en algún lugar de la ciudad, algún vendedor está preparando y anexando una propuesta al catálogo de la empresa para presentársela a un cliente, a espera de una aceptación y cierre del pedido. Sin embargo, sabe que va a perder una venta más. Más tarde, volverá a la empresa, cabizbajo, preguntándose a sí mismo: "¿Qué ha pasado de esta vez?

¿Por qué no cerró la compra conmigo?". Y, además, tendrá que encontrar explicaciones para dar a su gerente.

Más importante que tratar de encontrar las respuestas correctas es encontrar y responder las preguntas que martillan la mente de los clientes en el momento de la compra. El grado de relevancia de estas preguntas varía con el precio, la naturaleza o la importancia del negocio realizado. No saber identificarlas y contestarlas es correr el riesgo de no avanzar en las negociaciones y perder la venta antes.

Veamos algunas de estas preguntas clave.

¿Por qué debo gastar dinero en esto, ahora?
Algunos clientes creen que no necesitan tu producto inmediatamente. Otros creen que nunca lo necesitarán. En cualquier caso, postergan la compra para no gastar dinero. Como no tienes respuesta para darle, él mismo encuentra la mejor: "no lo necesito ahora". Es importante no solo despertar la necesidad del cliente, sino también realizar una propuesta de valor que justifique lo que cobras.

¿Qué hará tu producto por mí?
Los clientes no compran por el precio o las características técnicas de los productos. Quieren ventajas y beneficios que satisfagan sus necesidades y problemas. Es importante hablar sobre la tecnología avanzada que tiene tu producto y los diferenciales competitivos de tus servicios, pero es imprescindible mostrar lo que hará por el cliente. Como ya he mencionado varias veces en los capítulos anteriores, nadie quiere comprar más problemas de lo que ya tiene. Presenta y vende soluciones, no vendas problemas.

¿Tu producto ha sido hecho para mí?
Tu producto puede ser excelente, ultramoderno, hermoso y maravilloso. Pero, ¿será todo eso también para tu cliente? Peor que no vender es

VENDER SEGURIDAD CON SEGURIDAD

vender el producto equivocado a la persona correcta, es decir, a alguien que les contará a varios amigos o colegas cómo se sintió con el resultado de la venta. Hay muchos vendedores que quieren adaptar el cliente al producto en lugar de atacar la necesidad específica de cada uno. Algo como vender el mismo kit de alarma para una oficina, una residencia, una panadería o una industria.

¿Tu producto cuesta todo esto?

El cliente quiere comprar por el precio justo y tener los beneficios garantizados. No quiere gastar más de lo que él cree que tu producto vale.

Puede pagar 400 dólares en un pantalón o zapatos importados, pero no cree que deba pagar 40 por seguridad electrónica. Los vendedores de pantalones y zapatos hicieron los deberes y justificaron su precio. Hace falta que tú justifiques el tuyo. El problema no es el precio, sino cuánto cree el cliente que vale tu producto o servicio.

¿Cuál será el impacto de mi decisión?

Muchos clientes desisten cuando piensan en lidiar con instalaciones, reformas, ampliaciones, cambio de la rutina de trabajo e impactos negativos en el negocio. Por otro lado, muchas ventas se deciden cuando el cliente se da cuenta de lo que puede perder si no compra el producto o servicio (seguro de vehículos, plan de salud y/o sistemas de seguridad).

¿Por qué debo comprarle a tu empresa?

Puedes haber justificado y logrado contestar a todas las preguntas anteriores, pero todavía falta dar razones irrefutables para que compre de tu empresa. Necesitas tener y saber comunicar tu valor diferencial, tus ventajas competitivas. Probar al cliente que debes ser el elegido. Al fin de cuentas, también puede comprar de tu principal competidor. Muchos vendedores desprevenidos están siempre preparando la cama para que los competidores duerman en ella. ¡Ah! También recuerda convencerlo de que te compre a ti.

Al saber qué gastos son indeseables, muéstrale por qué va a realizar una buena inversión. Mientras no le convenzas, no pagará lo que cobras.

Un analista profesional de ventas es capaz de detectar no solo cuál de estas preguntas está atascando el cierre del pedido, sino que también de contestarla, satisfactoriamente, para promover la seguridad y la certidumbre en la decisión final. Los clientes compran tu producto y servicio cuando compran las respuestas a sus preguntas. Siempre estarán implícitas en las objeciones y temores de los clientes. Debes estar atento y prepararte para contestarlas. No salgas para vender mientras no sepas las respuestas. Si necesitas respuestas a estas preguntas, puedo ayudarte. Después no me digas que no he hablado nada. Al igual que las preguntas, tampoco quiero callar.

Hay algunas preguntas que siempre están presentes en la mente de los clientes. Son preguntas huérfanas de respuestas convincentes, que provocan el aplazamiento de las decisiones o, peor aún, decisiones negativas. Hay una persona insegura detrás del cliente vacilante. Sabe que peor que no decidir es tomar la decisión equivocada; que a veces la mejor decisión será no decidir.

Capítulo 10

El *follow-up*

¿Qué pasa tras la solicitud de cierre de la venta? Si todo va bien, el cliente dice que sí y le entregas el producto o servicio. Pero si contesta no, tienes dos opciones: persiste e intenta otro enfoque más eficiente, o sale de allí sin solicitud ni contrato firmado. En ese caso, tienes otras dos opciones: desistir de ese cliente y no llamarlo nunca más, o arriesgar otro enfoque en una fecha posterior. De cualquier modo, lo que haces después del cierre, decide tu futuro. Si desistes de la venta para siempre, pierdes la oportunidad de lograrla más tarde.

¿Qué hago después?

Al fin de cuentas, las personas no siempre están dispuestas a comprar algo el día de tu visita, por más que seas el mejor vendedor. En mi opinión, es preferible ser persistente y tratar de cerrar la venta una en otra ocasión, en lugar de dejar de intentar. En todo caso, si no es tu día, piensa: "No ha sido esta vez, pero será la próxima". Nunca desistas solo porque no lograste cerrar la venta en la primera visita.

La mayoría de las ventas se logran después del sexto o séptimo contacto. ¡Quien desiste antes, la pierde!

Sin embargo, para no cometer los mismos errores en la nueva visita, te recomiendo que reevalúes toda la planificación, el acercamiento y presentación que usarás con ese cliente en particular. Asegúrate de que no hayas cometido alguna equivocación o falla terrible (falta de respeto, discriminación, subestimación, prejuicio, indiferencia). Quizás has presionado demasiado, o la atención que ofreciste fue insuficiente; quizás evaluaste mal sus necesidades y deseos o desarrollaste un enfoque puramente racional. O tal vez faltó dedicación y convicción en el discurso, por no creer mucho en la venta. En fin: de algún modo, debes hacer una autoevaluación e intentar un nuevo enfoque la vez siguiente. Comprométete a hacer siempre algo distinto y mejor.

Si deseas cerrar más ventas, ten un sistema organizado de seguimiento de las visitas. Debes programar nuevos encuentros, recolectar más información sobre el cliente, presentar documentación y reunirte con otras personas que participen en el proceso de decisión. Utiliza una agenda o algún programa de computadora para almacenar toda tu base de datos de clientes y programar las próximas llamadas y visitas. Como ya he dicho antes, el tiempo cambia, la situación cambia, las personas cambian, tú cambias; en fin, todo cambia constantemente. Lo que hoy es un "no", dentro de un mes puede ser un "tal vez" y, en dos meses, convertirse en un "sí". Quizás hasta se convierta en un "solo quiero tus productos".

¿Cómo hacer contacto con clientes antiguos? Simplemente, llámales y coordina un nuevo encuentro para tomar un café. Dile que tienes algo nuevo y distinto que te gustaría mostrarles. Presenta información nueva acerca del producto a cada nuevo contacto. Dile: "Pensé en algunas alternativas que podrían interesarle"; si el cliente dice que no lo quiere, insiste un poco más y dile que sus competidores están interesándose. No querrá quedarse fuera de una oportunidad realmente innovadora, que pueda convertirse en una ventaja competitiva.

Quien sigue adelante, cosecha frutos más prontamente.

¿Y qué hacer con aquellos clientes que ya no te quieren ver ni pintado? Si realmente has cometido algún error grave de empatía, no pudiste conquistar su confianza y lo perdiste como cliente, sería interesante preguntarle en qué te equivocaste para saber de qué modo podrías obtener éxito en el siguiente cliente. Dile: "Estoy haciendo una autoevaluación, un análisis y me gustaría saber qué puntos debería mejorar en mi presentación de ventas. ¿Podría usted ayudarme?". Esa humildad puede cultivar cierta simpatía, la cual puede servir para obtener un *feedback* valioso para no cometer los mismos errores en las próximas visitas.

Ahora, imaginemos que has cerrado la venta. ¿Crees que se ha terminado tu trabajo? ¿Consideras que tu función ya está cumplida y ahora es un problema operativo de la empresa o del personal de instalación? Espero que hayas contestado que no; sin embargo, muchos vendedores creen que su trabajo se termina con la firma del contrato. Los analistas profesionales de ventas saben que la confianza y credibilidad del cliente se ganan con la preparación, acompañamiento y entrega de lo solicitado. La primera prueba de la relación que se desea construir con el cliente es el *follow-up*, es decir, lo que haces tras haber conseguido su firma.

Debes dedicar total atención al proceso de preparación del pedido, pues el cliente ya está evaluando tu compromiso y los servicios de tu empresa a partir de ese momento. Más que con la empresa, tienes un compromiso contigo mismo, con el cliente y con las futuras indicaciones que él hará. Tu credibilidad y reputación están en juego; debes demostrar total profesionalismo y dedicar la mayor atención posible al cliente, sobre todo "después" de que él decidió confiar en ti. No solo es su derecho, sino que también es tu deber saber cuándo y cómo se concluirá el proceso de entrega.

En caso de que haya retrasos o imprevistos, es clave saber las razones y comunicarle al cliente qué se está haciendo para eludir los problemas inesperados y agilizar el proceso.

Hay muchos vendedores que solo piensan en el momento de la firma y no en el durante. Deberían saber que el secreto está en el antes y, sobre todo, en el después. Literalmente, muchos apuntan el teléfono del cliente y no le dan más atención; ni siquiera una llamada. Si el cliente ya ha estado hablando de tus promesas y de lo maravilloso que eres, cuando desapareces del radar pierdes toda confianza y credibilidad.

Suelo llamar a esa etapa del proceso de ventas como "La hora de la verdad": cuando lo que ha sido prometido por el vendedor empieza a ser confrontado con lo esperado y, principalmente, lo realizado por la empresa. De nada sirve decir que tu empresa es ágil y eficiente en la atención al cliente si el proceso de instalación o mantenimiento de un equipo es lento, si no se da el debido entrenamiento al personal, o si nada de lo que has prometido se cumple. De nada valdrá decir a tus clientes que eres distinto a los demás vendedores, cuando todo lo que haces contradice tus palabras. El cliente tiene una expectativa; hiciste algunas promesas y vendiste algunas ideas. Ahora ha llegado la hora de que el producto, la empresa y tú realicen y entreguen algo cerca de lo que se ha prometido o, mejor aún, superar todas las expectativas.

¡Atención! Cuanto más grande o mejor sea la empresa en la que trabajas, mayores serán las expectativas. Trata de atenderlas rápidamente, pues tu reputación y la de la empresa están en juego.

Debes estar muy atento a la rapidez y eficiencia de tus acciones y reacciones. Sé ágil y eficiente en la implementación del pedido. Acompaña de cerca todo el proceso. Cuando sea momento de la instalación del producto o entrega del servicio, ofrece una atención especial; es un momento muy crítico para cualquier tipo de negocio. Averigua si lo que has cotizado está siendo instalado o proporcionado correctamente. En el caso de prestación de servicios de seguridad privada, asegúrate de que los vigilantes que trabajen con el cliente hayan recibido un entrenamiento adecuado de integración. Chequea todos los aspectos: la rapidez, el compromiso y la eficiencia son importantes atributos de seguridad.

El consumidor piensa: "Si para cumplir lo que han prometido son lentos, ni pensemos en la velocidad para atrapar al delincuente".

Mantén al cliente informado de todo lo que está pasando y busca perspectivas e indicaciones de ventas. Una venta solo se completará después de dos o tres recomendaciones.

El *follow-up* es un excelente momento para que llames al comprador, demuestres tu interés y reduzcas cualquier incongruencia que pueda haber surgido entre lo que has prometido y lo que está siendo instalado o entregado. Puede desistir en cualquier momento si no le das mucha atención; cuanto mayor sea el valor de la compra o contrato, mayores serán las posibilidades de insatisfacción y arrepentimiento precoz, sobre todo si considera que lo has abandonado.

Ten cuidado con el síndrome de la poscompra: cuando el comprador experimenta este síndrome, se siente muy vulnerable, inseguro e incierto sobre su decisión de compra, incluso es capaz de desistir de ella. Este es un momento muy delicado, ya que siente que será juzgado por los demás y por sí mismo si algo sale mal. No abandones a tu cliente en este momento: el síndrome le puede salir caro. Todavía está pensando en los riesgos y efectos de no haber tomado la decisión correcta.

Al llamar al cliente, puedes ofrecerle un producto "extra" o "complementario". Si es posible, algún producto o servicio adicional. No pierdas tiempo; cierra la puerta a la competencia y prepara tu próxima venta.

De quien vende seguridad, se espera **CONFIANZA** y **CREDIBILIDAD**.

Cómo preparar la próxima venta

Hoy no se habla más de posventa, sino de la "prepróxima" venta. La venta nunca se acaba: todos los días estás vendiéndole a un cliente y ganando su voto de confianza. Debes lograr que siga comprando y hablando bien de ti; mantén tu compromiso con aquellos electores que llamamos clientes, pues son ellos quienes te eligen cada vez que tienen que gastar su presupuesto en seguridad. Por la alta competencia en el mercado, todas las empresas buscan formas de fidelizar a sus clientes. Ve más allá y fidelízalos tú mismo; muéstrales que siempre pueden confiar en ti.

¿Quieres seguir vendiéndole al mismo cliente? Muestra total disponibilidad y dedícale toda tu atención. No desaparezcas del radar; las estrellas que no se ven, no son admiradas. ¿Tu móvil está siempre encendido? ¿Los clientes tienen tu número? ¿Les dices que pueden llamarte en cualquier momento? ¿Contestas tu móvil cuando te llaman por la noche o el fin de semana? ¿Buscas solucionar los problemas que aparecen? Si contestaste sí a todas estas preguntas, ¡felicitaciones! Formas parte de la minoría que está realmente comprometida con los clientes.

El analista profesional de ventas busca constantemente la satisfacción del cliente, pues esa es su principal herramienta, su principal publicidad. Sabe que el cliente encantado lo recomendará a él y a la empresa a otros clientes. Este paso no puede ser descuidado bajo ningún concepto.

Mientras un cliente satisfecho puede generar cinco nuevos clientes por recomendación, uno descontento puede logara que otros 15 o 20 clientes no consuman tus productos. En mis charlas, hablo por lo menos para entre 70 y 100 personas; si alguna empresa me desagrada, en cada una de mis conferencias cuento su historia. Las utilizo como ejemplos de lo que no se debe hacer. Y como soy muy democrático, también abro el espacio para que alguien más haga un comentario en contra de alguna empresa.

¡Atención! Muchas emisoras de radio y televisión, muchos periódicos y revistas también abren espacio para consumidores insatisfechos. ¡Nunca convienen esos 15 minutos de fama!

Estar alerta

Cuidado con los equipos de instalación, mantenimiento, inventario, financiero y operacional. Ten cuidado incluso con el cafecito de la empresa: siempre que lo ofrezcas a los clientes, pregúntales si está muy dulce o amargo, si están siendo bien atendidos por la empresa. Exige el compromiso total de todos los colaboradores de la empresa. Trata al cliente como la persona más importante de la empresa. Acuérdate: ¡él es tu jefe!

Haz un trabajo de posventa diferente. Vende costos menores, mayores ingresos y participación en el mercado, continuidad del negocio, ventaja competitiva y beneficios extraordinarios.

Entrega del producto u obra

Chequea por medio de cuestionarios de evaluación cuál ha sido la impresión u opinión de tu cliente sobre los servicios prestados por la empresa; esto es especialmente importante cuando trabajes con empresas tercerizadas. Mide constantemente su grado de satisfacción. Exige calidad en la instalación y en los futuros mantenimientos. Puedes perder muchos clientes y recomendaciones por culpa de algún técnico insatisfecho que no se esfuerza por atender bien a tus clientes. Algunos piensan: "Trabajo más que ese vendedorcito de corbatas, no recibo comisión, ni hora extra y, además, tengo que sonreír para el cliente…".

Garantía y asistencia técnica

Todo el mundo tiene para contar una experiencia negativa de algún producto que presentó problemas, y de un proveedor que no hizo absolutamente nada para solucionarlos. No seas uno de esos casos contados en las ruedas de charlas de los indignados.

Estas conversaciones se dan en la parrillada de los amigos, en los partidos de fútbol, en el club, en la iglesia, en las reuniones de padres en la escuela, en el trabajo... No vendes problemas, ¿recuerdas? Así que no desaparezcas cuando llegan los problemas: también te pagan para solucionar problemas, sean o no por tu culpa.

Si tu proveedor no colabora en la asistencia del producto, cámbialo por uno nuevo y luego soluciona con él. Pero primero, resuelve el problema del cliente.

Encuesta de satisfacción

Nunca dejes de medir el grado de satisfacción de tu clientela (puede establecer, por ejemplo, una frecuencia anual). No dejes de hacer, también, una encuesta informal con tus clientes, ya sea durante una visita de paso o por teléfono. ¡La verdad es una sola! Si no te preocupas por la satisfacción del cliente, los que se preocuparán serán tus competidores. Y puedes estar seguro de que tus clientes no se sentirán culpables al cambiar de proveedor. Un cliente satisfecho incluso puede pasar un tiempo sin comprar, pero si el cliente está insatisfecho, seguramente no comprará más ni recomendará tu empresa, ¡jamás!

Atención a las quejas

Peor que tener un problema es tener uno que tarda en solucionarse. Atiende rápidamente al cliente para que el problema no pase a ser contigo o con la empresa. Ningún producto o servicio es totalmente perfecto e inmune a fallas. Particularmente los servicios, que son realizados por seres humanos, están sujetos a imprevistos. Tus próximas ventas dependen en gran parte de tu capacidad para solucionar los problemas de tus clientes y no crearles nuevos. ¿Qué deben decir sobre ti? "No contrates ninguna empresa antes de hablar con ese tipo. Además de experto, es el único que soluciona cualquier problema".

Si un cliente se queja, te está mostrando dónde necesitas mejorar. Agradécele por haber reclamado y cambia lo que puedas.

No te los olvides

Muchos analistas de ventas se olvidan del cliente; especialmente de los más antiguos. Mantén la relación con tus primeros clientes; ellos vienen pagando tu salario desde hace años, además de que son una fuente de futuras recomendaciones y propaganda positiva acerca de tu trabajo.

¡Créelo! Es posible que sigan siendo tus clientes cuando cambies de empleo y estés vendiendo otros productos. Podrían ser fans incondicionales de tu trabajo si no los ignoras. ¡No te olvides de ellos! El desafío es establecer una relación duradera.

No abandones al cliente después de la venta. Es más, nunca abandones a un cliente antes de que él te abandone a ti.

Entrenamiento del cliente

Entrenar al cliente es una parte importante del proceso de posventa. Muchos clientes se quejan del producto o desisten de mantener el servicio porque no saben usarlos y piensan que no funcionan o que tienen problemas. Hay que dar la debida atención al entrenamiento del cliente, sobre todo cuando estés vendiendo productos de alta tecnología, tales como: alarmas digitales, CCTV digital, control de acceso y automatización residencial. A menudo, un nuevo empleado que no ha recibido el entrenamiento adecuado es designado para operar el sistema del cliente, lo cual puede ser una fuente de problemas y mal funcionamiento de todo el sistema. Cuanto mayor sea el precio de un sistema, mayor será la preocupación por el entrenamiento de todos los agentes involucrados en la operación y el mantenimiento. Un día, alguien dirá: "¡Eso nunca funciona!

Tira esa basura de la pared. No le pagaré más nada a esta empresa. Voy a rescindir el contrato hoy mismo". Y todo porque sus empleados no saben usar el sistema.

La venta que no beneficia al comprador, perjudica al vendedor.

Si deseas que tus clientes sigan comprando más contigo, ayúdalos a vender más: genera clientes para ellos. Respóndeles con la misma moneda y mantén una relación en la que todos ganan.

Lidiar con la competencia

Contéstame sinceramente: ¿te gustaría no tener otros vendedores y empresas compitiendo en tu mercado? ¡Sería un sueño! Imagínate si fueras el único vendedor de seguridad en tu estado o país. Bastaría anunciar tu teléfono y quedarte sentado, esperando a los clientes ávidos de seguridad. Te darías el lujo de elegir solo a los clientes y contratos más lucrativos.

Delirios aparte, no solo hay otros vendedores y empresas que ofrecen seguridad, sino que también hay modelos de venta distintos y productos y servicios de seguridad que compiten entre sí y con todos los demás productos y servicios disponibles. Toda competencia es bienvenida, pues motiva el desarrollo de ventajas competitivas y, principalmente, las inversiones en la mejora de los productos y servicios. Con una competencia leal, el que más gana es el cliente. Mientras tanto, nosotros necesitamos aprender a lidiar con la competencia si queremos actuar en este mercado (o en cualquier otro).

Aprender a competir no solo es importante para garantizar tu supervivencia, sino también para construir una imagen positiva y convertirse en un analista profesional de ventas.

Si bien hay miles de vendedores que compiten en el mercado de seguridad, solo algunas decenas merecen el título de *Analista profesional de ventas*. Y, sin duda, uno de los requisitos mínimos es el comportamiento ético.

Quizás hayas sentido alguna vez la tentación de hablar sobre tu competidor cuando el cliente te dijo que había hecho una cotización con él. Quizás hayas deseado mostrar cuánto mejor eres con respecto a un vendedor de otra empresa o sabotear alguna venta de tu mayor rival. Nada más natural e instintivo. Sin embargo, si deseas construir una imagen profesional, lo mejor que puedes hacer es aprender a no hablar mal de la competencia. Aunque el mercado se parezca a un campo de batalla en el que todos quieren tragarte y matarte, no necesitas atacar ni matar a nadie para vender más o conquistar más clientes.

Hay cosas más importantes y útiles que hacer en tu día a día que hablar mal de tus competidores y usarlos como trampolín para tu éxito. Vamos a empezar aprendiendo por qué no debemos atacar a la competencia para vender nuestros productos o servicios.

1. No hay nada más rastrero, antiético e indigno de un profesional que atacar a un competidor para ganar algún tipo de ventaja en el mercado. Esto no construye nada para ti, no te genera ningún beneficio real. Algunos empresarios están tan obsesionados con la competencia que terminan trabajando solo la mitad del tiempo para sus empresas, pues pasan la otra mitad investigando y queriendo neutralizar las acciones de los competidores. De la misma manera, muchos vendedores pierden tiempo y ventas persiguiendo a sus rivales.

2. Al citar el nombre de un competidor entre una serie de críticas, lograrás que tu cliente se acuerde de otra empresa, de la que seguramente no se había acordado cuando decidió adquirir seguridad. Algunos pensarán: "Ha sido muy bueno que menciones a esa empresa. No sabía que vendían ese tipo de servicios. ¡Voy a llamarlos!".

3. Si hablas durante un minuto de tu competidor, pierdes la oportunidad de hablar un minuto de ti mismo. El tiempo es dinero: no pierdas el tuyo ni el del cliente. Hay personas que pasan la mitad del tiempo de la visita tratando de perjudicar la imagen de alguien, cuando podrían estar construyendo una más positiva para sí mismos.

4. Por más que todo lo que digas sea la más absoluta verdad y el cliente necesite saberla, todo lo que digas parecerá sospechoso, pues vendrá de, justamente, un competidor. Todo lo que digas podrá y será utilizado en tu contra en el "tribunal del cliente".

5. Cosecharás lo que siembras. Cada vez que siembres el mal, la discordia, la calumnia y las intrigas en el mercado, esperando que otro pierda clientes, estarás inundando tu mente con esos pensamientos negativos y atraerás todo lo que deseas para tu prójimo. Es como tomar veneno y luego esperar que muera otro; al fin, el envenenado eres tan solo tú.

¡Tener competidores fans es mucho más difícil que tener clientes fans! Trabaja para conquistarlos. Quizás un día logres ser un líder respetado de tu mercado. Ya he tenido la felicidad de conocer a algunos.

---

6. Al hablar mal de alguien, estás dándole motivos a alguien para que también hable mal de ti (además de ponerte al nivel de todos los que conquistan clientes atacando a la competencia). Sería como hacerte miembro de un club que acababas de atacar y repudiar. No escupas hacia arriba.

7. Un mercado no se construye por medio de la competencia predatoria y antiética. Si todos atacan a todos, nadie avanza. Por el contrario: todos tienen intereses comunes y podrían avanzar más si estuvieran reunidos y trabajaran en favor de un mercado duradero.

Gandhi solía decir: "Ojo por ojo y todos terminarán ciegos".

La unión hace la fuerza. Una empresa quizás no tenga condiciones financieras o una cantidad de vendedores suficiente para realizar un entrenamiento de ventas; sin embargo, tres o más empresas unidas pueden lograrlo.

---

8. Para muchos clientes, la ética es uno de los principales indicadores de tu código de conducta. ¿Qué espera de sus proveedores el director de una empresa que predica diariamente sobre la ética necesaria para el trato con los clientes, los empleados y la competencia? ¿Puedes adivinarlo? Como mínimo, un comportamiento correspondiente. Ahora, ¿qué pasará si decides atacar y linchar a tu rival, antes incluso de hablar bien de ti mismo? Generarás una falta de empatía y pérdida de credibilidad, lo cual redundará en un acercamiento ineficaz.

9. El día de mañana podrías ser despedido y necesitarías un nuevo empleo en el mercado. La única opción disponible puede ser justamente aquella empresa que tanto atacaste durante tu carrera. ¿Crees que estarán dispuestos a darte el empleo? Aunque logres el empleo, ¿cómo te juzgará tu cliente al saber que estás trabajando en la misma empresa que pasaste toda la vida apedreando?

Si nunca hablas mal de nadie, tendrás siempre el respeto de todos y el camino libre cuando decidas cambiar de empresa. No faltarán personas para defenderte y alabarte.

---

10. Por fin, no gastes tu tiempo en hablar mal de un determinado competidor ya que siempre existirá otra persona que lo hará por ti. Al fin y al cabo, todos son competidores y siempre existirán personas que leerán estas páginas pero no aprenderán nada.

Por lo tanto, nada más importante y útil que nunca decir nada negativo sobre tus competidores. Al contrario, alábalos como competidores leales y buenos profesionales; demuestra que los respetas y gana el respeto del cliente.

Gracias a esto, todos tendrán una gran imagen de ti; incluso tus clientes. Un día, cuando formen la agrupación de empresas de tu estado y promuevan encuentros entre los principales profesionales de ventas, ¿estarás a gusto sentándote al lado de tus más importantes competidores?

Descubre lo que ha llevado al cliente a comprarle tu competidor: no siempre es el precio bajo. Dile todo lo que puedes mejorar, más allá del precio.

Muéstrale siempre el valor diferencial de tu empresa, sin compararla con alguna en particular. Si piensas que algún rival que está en el juego tiene alguna debilidad con relación a algún atributo del producto o servicio, no le ataques deslealmente. Di solamente que tu empresa o producto posee como fuerza principal ese determinado atributo; posiciona el foco donde eres más fuerte, en el lugar específico de tu diferencial competitivo. Luego, pídele a tu cliente que consulte a todos los competidores y compruebe si, realmente, garantizan el rendimiento que están prometiendo. Por ejemplo: "El principal diferencial de mi equipo inalámbrico es el alcance de cien metros, y puedo probarlo ahora. Si quiere, llame a los demás y pídales que prueben y aseguren lo que están diciendo".

Mantén la ética y el profesionalismo todo el tiempo, y en todos los encuentros con los clientes. Muchas veces, ellos son los que citan algo negativo sobre tu competidor; o, incluso, dicen que algún otro competidor ha dicho tal o cual cosa sobre tu empresa. No caigas en la tentación de estar de acuerdo con lo que dicen; no caigas en esa provocación.

A los clientes les encantan probar a los vendedores y poner leña en la hoguera de la competencia. Dile: "No puedo hablar por los demás, solo puedo hablar por mí. Estoy aquí para hablar de mis productos y servicios". Luego, sigue hablando de ti mismo.

El mayor desafío no es hacer una venta, sino seguir vendiéndole al mismo cliente.

El juego de los 7 errores

¿Te gustan esos juegos de encontrar los siete errores? El jugador debe observar atentamente dos imágenes y descubrir las siete diferencias (muy sutiles) que hay entre ellas. Me acordé de ese juego cuando leí, recientemente un correo electrónico de un vendedor de alarmas, en el que describía una experiencia de ventas no exitosa. ¿Por qué?

Porque he identificado más de diez errores en esa visita que resultaron en una venta frustrada. Quizás no logres identificarlos; pero si has leído cuidadosamente este libro, serás capaz de descubrir todos los errores.

Nota del autor: esta obra es pura ficción. Cualquier semejanza es mera casualidad.

Estimado Sousa:

Mi nombre es José Correia, trabajo desde hace cinco años como vendedor de alarmas en la empresa XYZ Seguridad Electrónica Ltda. Voy a contarte lo que me pasó cuando visité a un cliente y me gustaría que me ayudara a descubrir en qué me equivoqué, porque la venta estaba casi cerrada y terminé con las manos vacías. Estaba hacía tres días en la oficina esperando una llamada, alguna recomendación del telemarketing de la empresa o la recomendación de algún cliente, pero nada sucedía. Había perdido tres ventas la semana pasada y tenía solo dos ventas registradas hasta aquel miércoles. Lo peor es que solo faltaba tres días para terminar el mes, mi cuota de gasolina ya había terminado y la semana estaba pésima. Pero como no soy hombre de perder la fe, mantenía mi optimismo y todavía creía que iba a alcanzar mi meta.

Recibí una llamada de un cliente interesado en un sistema de alarma para su empresa. Apunté la dirección y pacté la visita para otro día, pues ese día no podía ir; tenía unos compromisos personales y no podía cancelarlos. El jueves fui a la dirección del cliente, llegué a la hora marcada, y descubrí que se trataba de una tienda de electrónicos. Expliqué rápidamente los servicios de la empresa, cómo funciona el equipo y empezamos a inspeccionar el lugar.

Me parecía curioso que él objetaba todo lo que le decía, como si ya supiera lo que necesitaba. Cuando le decía que necesitaba dos sensores, él respondía que con uno era suficiente. O cuando le indicaba que tenía que poner un sensor, decía que un magnético era suficiente. Como él parecía entender del asunto, acabé cediendo; después de todo, no podía perder la venta. Después, me senté con él a la mesa y le he dicho que le mandaría la propuesta ese mismo día.

Al llegar a la empresa, no perdí tiempo y empecé a redactar la propuesta, teniendo todo el cuidado de no estallar el precio final. He cambiado un sensor aquí, un cable de instalación allí, otro sensor acá. Al fin, conseguí cerrar todo a 40 dólares por mes, en régimen de comodato.

También le ofrecí la opción de venta del sistema, en caso de que le interesara. Le envié ambas propuestas por correo electrónico. En virtud de eso, acabé por cancelar otras visitas que hubiera tenido en ese horario.

Solo logré hablar con él el viernes. Le expliqué cómo funcionaba cada propuesta. Lo convencí de que el comodato sería mejor para todos. Me ha dicho que tenía otro precio menor en su mesa. No quiso decirme cuánto era, pero tras darle mucha conversación, reduje mi precio a 35 dólares. Me pidió que bajara aún más. Tuve que decirle que iba a hablar con el gerente y luego le contestaba. Mira cómo es difícil vender alarma hoy en día.

Aquel viernes fue difícil encontrar al gerente de la empresa parar lograr el descuento. Acabé por encontrarle en el móvil, ya hacia el final de la tarde, y me dijo que solo podía llegar a 30 dólares. Ya eran casi las 18:00 cuando llamé de nuevo al cliente y le dije que había logrado bajar a 30 dólares; entonces, rematé: ¿podemos pautar la instalación? Ahora creo que ya no hay ningún obstáculo para cerrarlo". He aprendido eso con el Gran Beto, que ya cuenta con diez años en ventas. Pero el cliente me pidió que lo llamara el sábado, porque debía pensarlo.

Voy a revelarle algo: aquí en la empresa, nunca nadie ha pagado ningún curso para nosotros y también debo admitir que nunca he leído un libro sobre ventas en toda mi vida. Creo que no lo necesito. Nací para ser vendedor, lo tengo en la sangre. El problema es que el mercado está parado y todo el mundo está bajando sus precios.

Pero volvamos a la venta: le bajé el precio a 30 dólares, pero cuando llamé al cliente el sábado por la mañana, descubrí que había cerrado con mi competidor por el mismo precio. Ahora, dime: ¿cómo he perdido esa venta si le hice el mismo precio que el competidor? Este tipo no ha sido fiel conmigo.

Lo peor es que la empresa tiene una meta y, para cumplirla, mi gerente está mandando al grupo de vendedores para que visite a los clientes de un competidor y los traiga a nuestra empresa, ofreciéndoles la alarma a 10 dólares menos. No me gusta esto, pero tengo que hacerlo; a fin de cuentas, ellos también hacen lo mismo con nosotros y yo tengo que pagar la escuela de los niños.

Capítulo 11

El arte de la atención

Ya hemos abordado, al principio de este libro, la importancia de los clientes y por qué no solo debemos satisfacerlos, sino también encantarlos; así comprarán, multiplicarán y volverán. Al fin y al cabo, ellos son quienes pagan tu sueldo y pueden despedirte; y tampoco hace falta recordarte que son tu mejor propaganda y, por supuesto, que tu carrera depende de ellos. Nada más justo que hacerlos más felices con tus productos y servicios: no puedes ganar dinero con clientes tristes, pues solo la funeraria vive de clientes tristes.

La gran mayoría de las empresas y, principalmente, los empleados creen (incluso algunos están seguros) que atienden muy bien a sus clientes, que no tienen de qué quejarse. Están tan seguros que no entienden por qué pierden a esos clientes tan supuestamente satisfechos; se sienten traicionados y apuñalados por la espalda cuando alguno de sus clientes decide comprarle a la empresa rival. Sucede que el problema nunca es la atención en sí, sino la percepción de los clientes atendidos. Sinceramente, ¿serías tu propio cliente?

La percepción de la calidad de la atención es la diferencia entre lo que los clientes esperan y lo que reciben. Esta es la realidad del cliente: solo importa la percepción de la calidad de tu producto, servicio y atención. De nada vale decir que eres el mejor si el cliente no percibe esa realidad. De nada vale decir que tus empleados tienen el mejor entrenamiento del mundo, si los clientes no ven ese resultado en la práctica, cuando realmente lo necesitan.

La hora de la verdad fue, es, y siempre será el momento decisivo de cualquier política de atención al cliente: cada vez que un cliente entra en contacto con una empresa, sale con una impresión mejor o peor acerca de ella.

Hablar de atención al cliente cuando todo está bien es fácil. Lo difícil es solucionar los problemas después de que ocurren, sobre todo cuando comprometen el rendimiento, los resultados y la rentabilidad de los clientes. Sin embargo, más importante que resolver todas las fallas en la prestación de servicios es prevenirlas en una fase anterior.

Si puedes realizar pruebas, inspecciones y auditorías en tus productos y servicios para anticipar problemas y fallas, hazlo. Cuando descubra algún problema, comunícalo inmediatamente a los clientes. Nunca dejes que el cliente descubra por sí mismo.

¡Para cuidar a un cliente es necesario el arte de la **atención**! Si deseas seguir vendiéndole a un mismo cliente, tener una cartera de clientes satisfechos y una propaganda boca a boca positiva, debes aprender, desde temprano, a estar disponible, saber escuchar, dar atención máxima y solucionar los problemas de los clientes. ¿Quieres mejorar tu atención? Lo primero que debes hacer es un autoanálisis para descubrir si estás cometiendo algunos de los siguientes **pecados capitales de la mala atención**.

No escuchar
El error más básico de cualquier vendedor es no escuchar atentamente lo que sus clientes dicen cuando se quejan de algo y, sobre todo, cuando tienen razón en su queja.

Desaparecer del mapa
Cuando quisiste vender, llamabas o visitabas todos los días al cliente. Ahora, que tiene algún problema, desapareces del mapa.

Esto no está bien: dar excusas para no atender la llamada del cliente y darle la espalda son las peores reacciones posibles ante una crisis.

Responsabilizar a otro

Decir que no tienes culpa de nada y delegarla en otra persona es la actitud menos constructiva que puedes tener ante problemas o fallas con tus productos y servicios.

Lo sucedido puede haber sido la culpa de otra persona; sin embargo, lo importante es no huir de la responsabilidad de solucionarlo.

La política de la empresa

Jamás les pidas a tus clientes que busquen en internet o que comparezcan personalmente en la empresa llevando copias de varios papeles para rellenar algún "formulario de reclamación SR9001-A100-2017", según los procedimientos de ISO 9000. Muchos aún intentan justificar: "No puedo hacer nada, es la política de la empresa". Seguro que parte de esa política incluye perder clientes que se quejan.

Falta de entrenamiento o estímulo

La culpa nunca les corresponde solamente a los profesionales de ventas, sino que se debe dividir entre toda la empresa. Quizás la empresa no invierte lo suficiente en entrenamientos y estímulo a los empleados. Por otro lado, si bien algunos intentan hacer lo correcto, otros quieren sabotear el proceso de atención al cliente.

Vanidad generada por el éxito

Muchos vendedores se olvidan de sus clientes menos lucrativos cuando empiezan a vender mucho y obtener grandes cuentas. El problema es que los primeros se irritarán con tu descuido y se dedicarán a contarle a todo el mundo que ya no quieres saber de ellos.

Siempre ten cuidado con el sarcasmo y la arrogancia, pues nunca te llevarán al éxito; sé una persona humilde y confiable.

Prejuzgar el cliente

No hay nada más devastador para un vendedor que prejuzgar a alguien; especialmente, a un cliente. No pienses si tu cliente tiene o no dinero, o si puede o no adquirir tus productos y servicios. Ya he visto a muchos vendedores abandonar a un posible cliente porque creyeron que no demostraba tener condiciones financieras suficientes como para adquirir el producto. Resultado: perdieron grandes ventas y, principalmente, recomendaciones.

Hablar y no cumplir

De nada sirve prometer algo y no cumplirlo. Estarás manchando tu reputación e irritando aún más a tu cliente. El problema pasará a ser también contigo, además del problema que ya tenían con el producto o servicio.

No seas parte del problema. No tendrás credibilidad ni una reputación positiva si insistes en ese error.

Mentir

Como ya hablamos anteriormente, ningún vendedor se convertirá en un analista profesional de ventas si toma la mentira como hábito en sus conversaciones con clientes; especialmente, cuando necesitan ser atendidos. A la gente le gusta comprar de quien conocen y confían. ¿Quién confiará en un mentiroso?

Si sueles cometer algunos de esos pecados, empieza a cambiar tus hábitos y trata de evitarlos, ya que quizás sea esto lo que esté impidiendo el crecimiento de tus ventas y tu éxito. En ventas, ningún profesional logra ir más allá engañando, mintiendo o abandonando a sus clientes.

La atención al cliente empieza en 100%.

El mantenimiento de los clientes depende de cómo se los trata, sin importar el período de tiempo. Sé amable y atento desde el primer momento.

¿Y si se quejan?

No vas a renunciar a establecer una relación duradera con tu cliente solo porque tiene algún problema o queja. Las quejas son una fuente preciosa de información, pues indican qué áreas necesitan mejoras; te dan una segunda oportunidad para mantener a tu cliente. No hay producto o servicio totalmente infalible: algún día, alguien va a tener algún problema. Por lo tanto, debes estar preparado para reaccionar rápidamente y evitar cualquier complicación. Tu imagen o reputación estará en juego si no estás preparado para recuperar el servicio defectuoso. Pero, ¿qué debemos hacer cuando se quejan?

En primer lugar, dile que entiendes cómo se siente y demuestra total empatía; debes colocarte en el lugar del cliente. ¿Cómo reaccionarías? Si hay realmente un problema y el reclamo es válido, acéptala y comunícale que te dedicarás a resolverla. Dile: "Entiendo por qué estás enojado. Si yo fuera tú, también lo estaría".

Nunca discutas con el cliente, por más razones y motivos que tengas. Podrás ganar la discusión, pero perderás al cliente para toda la vida.

En segundo lugar, oye todo lo que tenga para decirte desde el inicio de la charla, sin interrumpirlo ni disculparte. Toma en serio todo lo que te dice; a veces solo quiere ser escuchado y sentirse valorado. En el pasado, confió en ti y te eligió porque ha visto en ti un amigo, que nunca lo abandonaría.

Como tercer paso, haz apuntes y confirma todo lo que te haya comunicado para asegurarte de que has entendido bien su queja. La completa comprensión de los problemas y de los hechos es clave para reducir cualquier ruido o mala interpretación y para agilizar la resolución.

No decepciones aún más a un cliente desilusionado. El problema que tiene tu cliente no es solo el problema en sí, sino las emociones negativas, las perturbaciones y el desequilibrio que le provoca.

En cuarto lugar, no pierdas tiempo buscando un chivo expiatorio ni delegues las responsabilidades. Dile que vas a solucionar personalmente el problema tan pronto como sea posible; luego, reacciona rápidamente. Los clientes solo quieren oír una frase: "No se preocupe. ¡Voy a solucionar este problema ahora mismo!".

El quinto paso es comprar de verdad el problema del cliente y solucionarlo según tu promesa. Dile: "Lamento que esté molesto. Voy a hacer todo lo que esté a mi alcance para arreglar las cosas". Si el problema no ha sido originado por ti o por tu empresa, lograrás aún más su confianza. A fin de cuentas, en ningún momento te negaste a resolverlo: el cliente valora a las personas que se comprometen con su éxito.

Documenta y clasifica las quejas. Luego, busca sus causas e intenta solucionarlas y no repetirlas. Úsalas para aprender y mejorar, sobre todo las que te involucren directamente.

En sexto lugar, pídeles a tus clientes que te den sugerencias sobre cómo imaginan la solución del problema que están teniendo. A menudo, te sorprenderás al descubrir que quieren mucho menos de lo que pensabas. Al fin ya al cabo, ellos también querrán colaborar para que el problema se solucione lo más rápidamente posible, ya que son sus víctimas. Dedícale tu máxima atención a los problemas que afectan la eficiencia y continuidad de los negocios de tus clientes.

Por último, después de la resolución del problema, visita al cliente para agradecerle su reclamo y refuerza los vínculos que has construido. Tras solucionar el problema, muéstrale al cliente lo que has hecho para resolverlo, lo que harás para evitarlo en el futuro y asegúrale que siempre puede contar contigo.

Si es posible, compénsalos siempre con algo positivo. Haz algo especial por el cliente (descuento en la mensualidad, entrenamiento especial, instalación o mantenimiento gratuito, garantía extendida, entre otros); él te lo retribuirá con su fidelidad y seguirá siendo tu cliente. Tienes una cuenta emocional con cada cliente; cada vez que haces algo positivo por él, haces un depósito en esa cuenta. Todo problema o queja, o cualquier cosa negativa que se suceda, es un retiro; estos siempre tendrán un peso mayor. Por lo tanto, trata de siempre mantener un saldo positivo en esa relación emocional. Cuando ocurra alguna queja, dile: "Nunca te dejé solo. Tengo crédito contigo, ¿verdad? No te preocupes y sigue confiando en mí".

Toda excusa es una justificación sin valor.

Haz un análisis personal y revisa los procedimientos de la empresa para evitar que ese problema se repita. Pregúntate qué cambios debes hacer y, luego, da tus sugerencias.

Manifiesto de un cliente insatisfecho

Nota del autor: Si bien este manifiesto es ficticio, está basado, desgraciadamente, en hechos reales.

Estimado Sr. Director:

Le escribo, en esta oportunidad, para informarle por qué no compré y nunca compraré sus productos y servicios. Estoy desilusionado con varias cosas que han sucedido conmigo, especialmente, la mala atención que me fue dada cuando he llamado a su empresa. Espero que usted pierda una parte de su precioso tiempo leyendo esta carta y tenga el coraje de hacerlo hasta el fin, pues señalaré algunos problemas que seguirán ocurriendo cada vez que alguien, como yo, desee convertirse en su cliente. Describiré, a continuación, cómo fue nuestro último encuentro.

He llamado a su empresa y he dejado que sonara varias veces hasta que me atendió una máquina, la cual me presentó varias opciones de departamentos. He escuchado pacientemente hasta llegar al número 9 (recepcionista), apreté y oí una grabación que decía: "Siga en línea, pues su llamada es muy importante para la empresa". Si es tan importante, ¿por qué me dejaron esperando en línea durante cuatro minutos? Cuando logré hablar con la recepcionista le consulté sobre la campaña promocional que estaba realizando la empresa; me dijo que no sabía de nada y me pidió que esperase un poco más. Me di cuenta de que justo estaba charlando con una compañera sobre el capítulo de la última novela. "¿Por qué perder tiempo con ese cliente pesado? Solo me trae problemas", habrá pensado. Como soy paciente, esperé que me volviera a atender y seguimos la conversación.

Tras tratar de convencerla durante cinco minutos, descubrí que ella estaba de vacaciones y no sabía de la promoción que su empresa comunicaba por televisión (irónicamente, justo en el horario de la novela; problemas de marketing interno). Por suerte, apareció por allí un auxiliar de limpieza que señaló haber escuchado algún comentario por los pasillos. Luego, irritada por no estar enterada, la recepcionita me redirigió a un interno cualquiera. Tuve que explicar nuevamente los motivos del llamado, sobre la promoción y lo que necesitaba; pero no sirvió de nada, pues me habían transferido al sector de inventario, quien posteriormente me transfirió de vuelta a la recepcionista. Más minutos perdidos.

Cuando por fin logré hablar con el vendedor, noté que estaba malhumorado: no me dijo ni "buen día" y, aún peor, me dejó esperando en línea porque estaba charlando sobre fútbol por el celular. Algunos minutos más tarde, también descubrí que no sabía qué estaba incluido en el paquete ni cómo funcionaba el equipo. Me dijo que trabajaba en el telemarketing y que su función era tan solo programar las visitas. Esperé por dos días la bendita visita, pero nada pasó. Llamé de nuevo a su empresa y constaté que mi nombre había quedado afuera de la programación de visitas: "problemas del software de gestión", me dijeron.

Por fin, una semana tras mi primer contacto, recibí la visita de su vendedor a las 12:00 (el detalle es que había quedado a las 9:00 y no me avisó que se retrasaría). Tuve que dejar a mi hijo que me esperaba en la escuela por lo mucho que necesitaba su producto. Es importante resaltar que el vendedor ha llegado despeinado, mal arreglado, sudado y sin ningún tipo de preparación para la reunión: no tenía catálogos, ni tarjeta de visita. Directamente se dedicó a exponer lo que tenía para ofrecerme, sin preocuparse de saber lo que necesitaba. Me acuerdo, ahora, que solo sabía decir: "mi producto es el mejor y más barato del mercado".

He intentado hacerle algunas preguntas, pero descubrí que era novato y que no conocía nada sobre lo que estaba vendiendo. Además, interrumpió dos veces la reunión para contestar llamadas urgentes en su móvil: la "florcita" de su novia, según la llamaba, estaba esperando por él. Después de eso, se puso agitado, ya no me escuchó más ni fue capaz de entender mis necesidades y problemas. Solo hablaba acerca de lo que el producto hacía, pero no me decía lo que haría por mí. Creo que ni siquiera sabía las ventajas y beneficios de su producto y empresa. Quizá sería interesante revisar su política de entrenamiento… Por cierto, ¿tienen alguna?

Una vez que continuamos, interrumpió una vez más la conversación, pues un cliente le había llamado para quejarse de alguna falla que había presentado un producto. Me di cuenta de que el caso era grave, pues su vendedor vociferaba, diciendo que no podía hacer absolutamente nada por el cliente. Eso me hizo pensar si yo no tendría también ese problema.

Cuando volvimos a charlar, noté que él no era capaz de responder algunas de las objeciones que yo tenía para hacer. Solo repetía que podía bajar el precio, si yo lo deseaba. Ante su impaciencia e incompetencia, decidí pedirle que se retirara, pidiéndole una propuesta por escrito y un tiempo para pensar. Aceptó y me dijo que la enviaría el día siguiente.

Desgraciadamente, no me ha enviado la propuesta; pero, por más que la enviara o apareciera pintado de oro, no lo recibiría. Decidí comprar de su competidor, que no me atendió tan bien como me gustaría, pero al menos no me atendió tan mal como ustedes. Quizás ahora usted entienda por qué no está vendiendo tanto y está perdiendo clientes, ingresos y participación en el mercado. Quizás yo sea muy aburrido y tenga muchas expectativas; quizás solo quiero tener una buena atención. En fin, solo soy un cliente insatisfecho; pero mientras usted no entienda la necesidad de capacitar y entrenar a sus empleados para que atiendan mejor a los clientes como yo, seguirá sin entender por qué está perdiendo clientes.

Firmado: un cliente que ha perdido.

¿Cómo está mi red de relaciones?

Podrás obtener resultados más rápidamente si cuentas con la ayuda de personas clave en tu camino. Te guiarán a tomar el camino correcto, hablarán bien sobre ti y, principalmente, estarán hinchando por ti; debes motivar este tipo de relaciones para lograr tu éxito. En algún momento, necesitarás de la ayuda de alguien para darle un empujoncito a tu carrera, sea un profesor o un cliente, un jefe o un compañero de trabajo, un padre o un amigo.

Dondequiera que vivas, seguramente estarás en una comunidad, rodeado por otros individuos que interactúan con el medio y contigo. Dentro de ese universo en el que mantienes distintos tipos de convivencia (personal, social o profesional), surgirán personas dispuestas a cultivar vínculos, conquistar tu amistad, ayudarte en lo que te haga falta e impulsarte al éxito. Este pequeño grupo se puede expandir, a medida que nuevas personas entran en el círculo de amistades, hasta convertirse, con el tiempo, en una red con varios vínculos y contactos interconectados; una red de relaciones, o *network*. Y cada relación es un nudo de esa red.

Tener una red de relaciones o amigos capaces de ayudarte cuando sea necesario es importantísimo para lograr cualquier tipo de éxito. Muchas personas alcanzan sus metas más rápidamente porque están en el momento correcto, en el lugar correcto y conocen a la persona exacta. Quien haya participado de una entrevista de trabajo, alguna selección, disputa política o competencia de ventas, sabe la importancia de conocer a alguien que esté relacionado con la persona que toma la decisión. Muchas puertas se abren, muchos caminos se ensanchan y muchas etapas se acortan cuando se conoce a la persona exacta y, sobre todo, cuando esta persona está dispuesta a ayudarte.

La gente no siempre está dispuesta a ayudarte espontánea o desinteresadamente. En este proceso, es importante mostrar lo que tienen para ganar. Quizás no sean como tú y esperen algo a cambio.

Esta red de relaciones será poderosísima y muy valiosa, pero solo si aprendes a aprovecharla. De lo contrario, solo producirá resultados para los integrantes que estén atentos a su poder. Quien desee vender más, necesita aprender a obtener más retorno de su red de relaciones.

Como su propio nombre lo dice, una red solo puede ser llamada de red de relaciones si estás dispuesto a relacionarte con ella y, principalmente, entregarte a ella. De lo contrario, será solo una red de contactos. Mucha gente, aunque sabe que pertenece a una determinada red, no busca integrarse ni participa de los principales encuentros, intercambios y relaciones sociales; se vuelve invisible en su rincón. De esta manera, quienes tienen estas actitudes trabajan siempre en soledad, cuando podrían trabajar en red y obtener mejores resultados.

Por lo tanto, quien está en una red debe encontrar una forma de conectarse y participar activamente en ella, contribuyendo de algún modo a su crecimiento. No basta con entrar en una red y solo tratar de obtener los contactos y amigos de los demás integrantes: es importante también aportar personas importantes y valerosas a la red. No estás en ella solo para cosechar frutos, también debes producir nuevos contactos. El poder de una red de relaciones comienza por su tamaño; trabaja para aumentarla.

La mejor forma de atraer a otras personas es primero ser atractivo para ellas. Haz algo por alguien sin esperar que te lo pida.

Más importante que hacer crecer la red es hacerla más valiosa. Debes descubrir la forma de agregarle valor, lo cual también le agregará valor a todos los integrantes. La mejor manera es proporcionar todo tu conocimiento y experiencia, especialmente sobre seguridad. Debes ser una referencia sobre ese y otros temas que domines. Y solo te convertirás en una fuente valiosa de información si tu información tiene realmente valor para tus amigos.

Como ya se ha dicho, sé una persona conocida y reconocida en tu barrio, ciudad, estado y país, no solo por quién eres, sino también por tu profesión. Si caminas por la ciudad y la gente no te reconoce como vendedor de seguridad, si no se acercan de ti para hablar de seguridad, si no te presentan a nadie, algo está mal: no estás desarrollando tu red de relaciones.

En esta era de la información, la mejor manera de agregar valor es agregar conocimiento. Por lo tanto, aprende más de lo que sabes, comparte todo lo que aprendes y logra más con lo que sabes.

¿Quieres desarrollar una *network* fuerte? Excelente. No pienses solo en el número de contactos. Lo que hace que un pastel sea sabroso no es la cantidad, sino la *calidad* de los ingredientes. ¿De qué te sirve tener una enorme lista de nombres en tu agenda o computadora si no sabes qué hacer con ella? No te intereses solo en personas poderosas. No juzgues a tus contactos por su estado actual, ya que no sabes hasta dónde pueden llegar.

Muchas ventas se logran por medio de personas sencillas, que no llaman mucho la atención: el portero del edificio, el albañil de una obra, la ayudante de limpieza de la empresa, un vigilante de una industria, el conductor del director o una secretaria pueden ayudarte más que muchos gerentes y directores. ¿Por qué? Porque valoran a quienes los respetan y les dan atención. Como todo ingrediente es importante al hacer del pastel, todo participante es válido. El resto dependerá de la situación y la competencia del cocinero.

El valor de una red es igual al cuadrado del número de integrantes, multiplicado por su calidad.

Ahora, la lección más importante: el mundo es cada vez más interesado, materialista y superficial. Sé y haz algo por alguien de manera sincera y benevolente, sin pedir nada a cambio. Se puede conocer a una persona por lo que hace sin esperar nada a cambio, cuando no hay ningún interés velado detrás de sus acciones. Si cooperas y buscas el auxilio de otras personas, si ayudas a quien necesita y dejas que te ayuden, te darás cuenta de que, eventualmente, estarán cooperando contigo. Por lo tanto, ayuda a los demás a crecer y convertirse en lo mejor que puedan ser.

Algunos se darán cuenta de tu manera de actuar y tratarán de retribuir de alguna forma, haciendo algo por ti. Otros no se darán cuenta o no manifestarán esa gratitud; sin embargo, un día sabrán o descubrirán cuánta gratitud deberían haber expresado. Hasta entonces, podrán incluso perjudicarte en lugar de ayudarte; pero no te preocupes por eso. Lo que importa en esa red de relaciones no es lo que los demás hagan por ti, sino lo que tú haces por los demás. No esperes el agradecimiento de nadie; si haces algo esperando un agradecimiento, no estarás haciéndolo libre y espontáneamente. Y de la misma manera, cuando alguien haga algo por ti, demuéstrale la gratitud por el gesto.

Agradécele de corazón a quien se preocupó por ti y te ofreció una mano amiga. Tus acciones y tus comportamientos dicen algo sobre ti.

Otra forma de potenciar tu red de relaciones es participar en otras redes. Haz amistad con otras personas que también tengan muchos contactos y compartan sus redes. Proporciona tus relaciones y recursos a otras personas, principalmente cuando necesiten ayuda. Cuando alguien del sector necesita ayuda en mi región, sabe a quién buscar. De igual modo, cuando necesito alguna información en cualquier lugar del país, también sé a quién buscar.

Siempre que encuentres a alguien a quien quieras sumar a tu red, busca en la conversación algunos vínculos e historias en común. Apunta toda información que puedas en el reverso de su tarjeta o en algún papelito; no pierdas esa información, pues después de algunos años descubrirás que tu memoria no es tan fantástica como pensabas. Agradece los encuentros siempre que sea posible y piensa qué contactos de tu red podrían beneficiarlo y cualquier otra información que pueda ayudarle. Luego, haz la conexión.

Las relaciones son más duraderas cuando son sinceras y positivas.

Construir alianzas fuertes

Si deseas convertirte en un analista profesional de ventas, debes empezar a cultivar relaciones con referentes de la sociedad, formadores de opinión, fuentes preciosas de información o con extensas redes de relaciones. Debes conocer, mantener contacto y, sobre todo, ayudar a las personas que tienen gran influencia sobre las decisiones de compra en las empresas, en el barrio, en la ciudad, en el condominio o en los grupos a los que pertenecen.

Empieza por los demás colaboradores de tu propia empresa; he visto a muchos vendedores que no reciben recomendaciones de otros empleados. Muchos conductores, telefonistas, instaladores y, sobre todo, ayudantes de instalación son abordados diariamente por clientes que desean un presupuesto de seguridad. Piensan: "¿Por qué voy a darle más negocio, si nunca he ganado nada con las recomendaciones que he hecho?". Si ganas una comisión gracias a una recomendación de algún compañero de trabajo, divídela con él. Al fin de cuentas, aprendí que "es mejor dividir un pedazo de filete a tener que comer un hueso solo". Quizás estés perdiendo valiosas recomendaciones de compañeros de trabajo porque te convertiste en un vendedor egoísta, interesado y arrogante. Estás royendo tú solo el hueso, mientras podrías estar comiendo un rico asado en compañía de tu red.

> No pierdas ninguna oportunidad de hacer socios fuertes en la empresa donde trabajas. Recuerda que es importante ser ético y justo en la forma de abordar y recompensarlos.

¡Ah! No te olvides de las secretarias de las empresas que visitas, y de aquellas que trabajan en inmobiliarias, administradoras de condominios, asociaciones comerciales, sindicatos y grandes empresas. Si conquistas sus amistades y confianza, tendrás acceso a información muy importante (agenda, cotizaciones y, sobre todo, pedidos de compra) antes que la competencia. Dale toda la atención posible a estas valiosas profesionales, siempre con sinceridad y respeto.

En segundo lugar, trata de hacer alianzas con cerrajeros, vidrieros, electricistas, técnicos en comunicaciones, carpinteros, cerrajeros y demás proveedores de servicios domésticos. Son fuentes valiosas de información sobre asaltos, robos, roces y otros incidentes. Ayúdales siempre que te sea posible recomendándoles clientes y retribuyendo su cooperación. No te olvides también de policías, comisarios y escribanos. Todos ellos tratan diariamente con sucesos policiales.

Acuérdate de que tus clientes también desean contratar proveedores de servicios de confianza. Sé también una fuente valiosa de recomendación.

En un tercer nivel, forma vínculos de intercambio e indicaciones de clientes con oficinas de ingeniería, arquitectura, jardinería, paisajismo y decoración. Puedes vender muchos proyectos incluso en la planta, si tienes alianzas de este tipo. Y más importante que los proyectos son los clientes de alto nivel a los que tendrás acceso si logras unirte a los principales y más solicitados profesionales de tu ciudad.

En cuarto lugar, construye también vínculos con vendedores de productos y servicios complementarios de la seguridad: portería, limpieza, aseo, conservación, aire acondicionado, entre otros. Intercambia recomendaciones y clientes, y comparte proyectos con ellos. Nadie llega a ningún lugar solo; de seguro podrás llegar más lejos si llevas a alguien contigo.

En un nivel más elevado, participa en entidades importantes de tu ciudad: asociaciones de barrio, pastorales, gremios de empresarios, sindicatos de seguridad y otras asociaciones de ese tipo. Sé un miembro activo y posiciónate como un especialista en seguridad. Sé un consultor para todos; agrega conocimientos y experiencia. No te olvides también de participar en entidades asistenciales y hacer trabajos voluntarios.

Por último, establece contacto, almuerza y cultiva relaciones con personas importantes de la sociedad: formadores de opinión, grandes empresarios, políticos, sacerdotes y demás líderes de tu ciudad. Necesitas tanto recomendaciones como personas que te conozcan y sean fuertes admiradores de tu trabajo y de tu conducta profesional.

En las relaciones sociales y personales, entrega más amor, pasión, compasión, compañerismo, atención y bondad a las personas con quienes convives. Ama a las personas en lugar de amar las cosas. Haz más de lo que esperan y, sobre todo, haz lo que te gustaría que hicieran por ti. Debes saber acogerlas y dedicarles no solo la atención que esperan, sino también la máxima que pueda darles. Sé que tu tiempo es escaso, pero por menor que sea, un momento de atención, una palabra de apoyo y un hombro amigo pueden marcar la diferencia en la vida de alguien.

Nadie podrá seguir siendo un extraño para ti si le ayudas o haces algo por él o ella. ¡Genera valor y vínculos a la vez!

Así como nadie puede prestar servicios sin recibir una compensación, también es imposible negarse a prestar ese servicio sin perder esa recompensa. Cuanto más tarde sea el pago, mayores serán los intereses. La clave para cualquier tipo de éxito está en agregar más valor al trabajo, a los demás y a ti mismo: hacer siempre más de lo que se espera y sin pretender nada a cambio. Cuando estén pagando lo que cobras, percibirán que están pagando tu valor, ya no tu precio. ¡No tendrás precio! Y yo tendré el placer de decir que te conozco y que soy tu amigo.

Tu club de fans

Debes tener muchos amigos, pero, sobre todo, los amigos correctos, si deseas avanzar en tu carrera. Y no hay contactos más clave que tus clientes y las personas que indican más clientes. Puedes estar perdiendo la mitad de tus ventas por no haber forjado una amistad con un cliente potencial. La gente prefiere hacer negocios con personas conocidas. Haz que hablen bien de ti y cada vez más personas conocidas confiarán en ti.

Voy a compartir algo que he aprendido en mi trabajo de consultor y conferencista. Muchos empresarios no me contrataban porque no me conocían. Cuando la primera persona habló de mí, ni siquiera prestaron mucha atención. Tras dos o tres contactos que les enviaron mis artículos, obtuve la primera respuesta. Cuando otras cuatro o cinco personas les hablaron de mis conferencias, grabaron mi nombre; y cuando lo oyeron pronunciado por seis o siete amigos más, obtuve su total curiosidad. Gracias a esa curiosidad, acudieron a ver una de mis conferencias. Hoy agradezco a algunos a los que no solo les gustaron mis conferencias, sino que también se las recomendó a sus amigos y les envió mis artículos.

La moraleja de la historia es: logra que más gente hable bien de tu trabajo y tendrás la atención y curiosidad necesaria para que hagas más ventas. ¡Créeme! ¿Cómo podría yo llamar tanta atención, viviendo tan lejos del eje Río de Janeiro–São Paulo? Solo he aprendido a transformar a personas desconocidas en amigos. Me retribuyeron llevando mi nombre a los cuatro rincones del país y transformando a más personas desconocidas en amigas. Y si me permiten, me complace decir que forman parte de mi club de fans. Solo los fans transforman a personas desconocidas en clientes conocidos.

Almuerza con tus clientes en lugar de almorzar con tus compañeros de trabajo. ¿Por qué perder tiempo con chismes, intrigas y charlas sobre el día a día de la empresa cuando podrías aprender más sobre tus clientes y tus negocios? Almuerza con quien, de verdad, paga tu almuerzo.

¿Qué pasaría si 4 de tus 10 mejores clientes fueran a la competencia? ¿Qué pasaría si dejaran de recomendarte a otros clientes? Creo que la pérdida sería significativa: no solo perderías las futuras compras de esos clientes y de otros recomendados por él en el pasado, sino que también dejarías de tener sus recomendaciones futuras.

Entonces, trata de mantener la relación con tu cliente siempre activa. No te olvides jamás de aquellos que ya han comprado algo de ti y que vienen pagando tu sueldo y comisiones desde hace años. No trates a tus clientes antiguos como si no existieran o fueran artículos de museo.

Tus clientes actuales siempre serán los mejores y más buscados por la competencia. Haz más que atenderlos: trátalos como amigos y haz todo para convertirlos en tus fans. ¡Así es! Trabaja no para tener clientes, sino para tener un club de fans, repleto de personas que te admiran y demuestran toda esa admiración a donde vayan. Conozco a algunos, tan profesionales y éticos, que son idolatrados hasta por la competencia.

Posiciónate como una persona de valor. Sé visto y conocido en la comunidad como alguien que resuelve problemas y promueve el crecimiento, la rentabilidad y la satisfacción del cliente. Ayuda a los demás, independientemente de si vas a ganar o no una comisión. El mundo ya está repleto de personas interesadas, que solo se acuerdan de alguien cuando lo necesitan. Nunca pongas el dinero por encima de tus relaciones personales.

Desarrolla una capacidad de servicio más grande que tu capacidad para ganar dinero. Triste es aquella persona que busca el dinero en todo lo que hace.

Crea un diferencial real y percibido; haz más y hazlo mejor que tus competidores. Acuérdate de que eres parte del producto o servicio que ofreces al cliente. El valor del profesional está en el valor que realmente agrega. Sé percibido como una persona de valor, un analista de valor, un amigo de valor para toda la vida. No quieras ser solo uno más en la multitud de vendedores que solo buscan una firma al final del pedido. Sé alguien que hace cosas especiales para personas especiales; haz de esos encuentros momentos especiales. En fin, sé una persona totalmente especial.

Conquista a los fans y conviértete en fan de tus amigos y clientes. Haz más, busca también ayudarles y servirles en lo que esté a tu alcance. Ayúdales a crecer en sus profesiones o carreras. Es difícil resistir a alguien que quiere ayudar sinceramente: nunca me olvidaré de aquellos que realmente me ayudaron a llegar hasta donde llegué. Solo estarás en el camino del éxito si estás llevando a alguien contigo, es decir, si estás promoviendo el éxito de otras personas; cualquier otro camino será inútil.

He aprendido que muchas personas no piden favores. Te corresponde a ti ser más solícito y ofrecer tu ayuda. Piensa: "¿Cómo podría ayudar a esa persona?".

Si haces una venta, ganas una comisión. Si haces una amistad, puedes ganar una fortuna. Ni tu mejor competidor no podrá alejarte de un cliente que también es tu amigo. Construye una imagen positiva y sé recordado como una persona creativa, solidaria y profesional. Más importante que poner un montón de nombres de personas importantes, influyentes y formadoras de opinión en una planilla es lograr que ellos se acuerden de ti. Más importante que a quién conoces es, y siempre será, quién te conoce y manifiesta total admiración por ti.

Así que no te duermas en los laureles. Aparece siempre para que no se olviden de ti. Haz algo realmente importante para que las personas se acuerden siempre de ti. Haz algo extraordinario en sus vidas para que se conviertan en tus fans. Quién no se ve no es recordado. Da buenas razones para que se acuerden de ti y hablen bien de ti.

! Los clients no son estadísticas, son personas!

Palabras finales

¡Felicitaciones! Lograste concluir tu lectura, evaluar tus conocimientos, desarrollar tus habilidades e invertir en tu capital intelectual. Me gustaría volver a dar mi sincero agradecimiento por haber elegido este libro y haber dedicado parte de tu precioso tiempo a su lectura. Espero que haya disfrutado de las técnicas, herramientas, consejos y casos de ventas orientados al segmento de seguridad que fui presentando en las páginas anteriores. Me esforcé en transmitir lo que aprendí en el campo, vendiendo seguridad con campeones en ventas. No tengo duda de que también puedes ser un profesional de ventas exitoso como ellos y alcanzar tus metas. ¿Todavía tienes alguna duda? ¡Creo que no!

Contéstame, sinceramente: ¿deseas retrasar tu propio éxito? Toma este libro como el primer paso de una nueva jornada. Olvídate de todas las derrotas, decepciones y ventas fracasadas del pasado. Vamos a tratar, a partir de ahora, de lo que realmente interesa: el **futuro**. ¿Qué vas a hacer mañana para acercarte a tu objetivo de vida? ¿Cuál será tu próximo paso?

¿Todavía no has definido lo que más deseas en tu vida? ¡No lo creo! No sabrás si estás caminando en la dirección correcta, mientras no lo sepas. Poco importa dónde estés en ese preciso momento. Lo más importante es cómo, por qué, cuándo y a dónde quieres llegar. ¡Arriba! Quiero contar tu historia de éxito en mi próximo libro.

¿Quieres alcanzar tus metas? Piensa, actúa y sé distinto. ¿Te acuerdas de la Actitud del CHA CHA CHA de competencia? Ten la iniciativa de actuar de manera más positiva y optimista. Nadie puede impedir que seas un profesional exitoso, un campeón en ventas, si estás decidido aserlo. Busca diariamente ser mejor que el día anterior, busca excelencia y plenitud en todo lo que haces. Pero no pienses solamente en el dinero.

Trabajamos con seguridad; ¿cuántos niños, señoras, abuelos, bebés y madres estarán más protegidos si nos levantamos confiados de la cama y decididos a vender seguridad?

¡Nuestra profesión es un regalo! Enorgullécete de ella. Protegemos y aseguramos un futuro para personas, empresas y negocios. No puedes dejar de servir y ayudar a las personas con tu experiencia, trabajo y competencia. Sería un pecado mayor que no tener un objetivo en la vida.

Podemos ser todo lo que queramos ser. No hay límites para el poder de la imaginación, la confianza en uno mismo, la persistencia y la fe en Dios. Seremos lo que deseamos si tenemos una fe inquebrantable y trabajamos para realizar nuestro objetivo. Lo que diferencia a los seres humanos de los demás organismos vivos del planeta es la capacidad de razonar, resolver problemas y vencer nuevos desafíos. Si comparamos las especies antiguas con las actuales, notaremos que todas evolucionaron y siguen haciéndolo hasta hoy. ¿Por qué tú no te desarrollas? No evoluciona aquel que está mirando, eternamente, hacia el pasado.

Es importante recordar que no todo profesional exitoso logra obtener el mismo éxito en su vida personal. Ya he conocido a campeones en ventas frustrados, indisciplinados, egoístas, envidiosos, arrogantes y mezquinos. Sé que no deseas eso; al fin y al cabo, el éxito viene de una realización feliz. Por lo tanto, interésate sinceramente por las necesidades, deseos, problemas, expectativas e ideas de otras personas. Preocúpate más por los demás. De ahí surgirán muchas oportunidades, ventas, amistades y, principalmente, felicidad.

Muchas veces actuamos porque tenemos algo que ganar (o algo que perder si no lo hacemos). Empieza sirviendo y ayudando a las personas que no tienen nada que dar a cambio. Quizás esa sea la actitud más rara, pura y preciosa, tanto en la profesión de ventas como en la vida. Es muy fácil acordarnos de las personas cuando las necesitamos; hacerlo cuando necesitan nuestro apoyo es lo importante.

¿Quieres vender más? ¿Quieres tener más fans en tu vida? ¡Excelente! Haz algo más por la gente. Haz algo más por el planeta en el que vives. ¡Haz la diferencia! No dejes rastros de oscuridad, odio y tristeza por donde pasas. Ilumina tu camino con acciones solidarias, palabras positivas, buenas ideas y una postura más ética y altruista. No fue solo tu madre quien te dio la luz cuando naciste; Dios también ha encendido una luz poderosa en tu mente y corazón. Solo tienes que encontrarla, abrir las puertas y ventanas e irradiar esa luz hacia el medio externo. Sé un proveedor de felicidad, de amor, de placer, de seguridad, en fin, de éxito. ¡Sé **extraordinario**!

En la presentación, he mencionado que donde hay una voluntad, hay un camino. Ahora, digo que donde hay un camino, hay un nuevo paisaje. Despiértate a un nuevo mañana y no desistas de caminar.

¡Empieza ya!

Sobre el autor

Marcos Antonio de Sousa es Director de la Superación Entrenamientos y Consultoría Empresarial. Graduado en Ingeniería Electrónica por la UFPB, con un MBA en Administración de Marketing por la Fundación Getúlio Vargas (FGV), es trainer y Master en Programación NeuroLinguística (PNL). Conferencista internacional, escritor y especialista en ventas, comportamiento y PNL. Su actividad laboral incluye los pues tos de Director de entrenamientos de la Asociación Latinoamericana de Seguridad (ALAS), Director de la Asociación Brasileña de Profesionales de Seguridad (ABSEG) y Consultor de la Asociación Brasileña de Empresas de Seguridad (ABESE). Actuó como gerente de ventas de la región Norte-Nordeste de una distribuidora de equipos. Ha realizado más de 1.000 conferencias y ha entrenado a más de 50.000 personas en los últimos 15 años en 20 países y 4 continentes. Sus conferencias, de contenido práctico, provocativas y transformadoras, son conocidas por el lenguaje simple, objetivo y claro, y la empatía que genera con su público.

Hoy es uno de los mayores especialistas en ventas de servicios y PNL aplicada en ventas, habiendo participado en grandes eventos nacionales e internacionales. También es considerado uno de los palestrantes Gigantes de las Ventas por la Revista VentaMás. Articulista en diversos diarios, portales y revistas del país.

Es autor de los libros *Vendiendo Seguridad con seguridad* y *Serie Premium* (colección de artículos). Co-autor en los libros *52 Sacadas para vender más* y *Gigantes de las ventas*. Creador del curso *Código Secreto de las Ventas*.

Puede visitar su web en http://www.marcossousa.com.br.

Este libro se terminó de imprimir en el mes de noviembre de 2017 en Imprenta Dorrego, Av. Dorrego 1102, Ciudad Autónoma de Buenos Aires.

www.ingramcontent.com/pod-product-compliance
Lightning Source LLC
Chambersburg PA
CBHW031930190326
41519CB00007B/473